Excel 在测量数据处理中的应用

王 芳　王 建　主　编
王忠良　副主编

哈尔滨工业大学出版社

图书在版编目(CIP)数据

Excel 在测量数据处理中的应用/王芳,王建主编
. —哈尔滨:哈尔滨工业大学出版社,2024.3
ISBN 978 – 7 – 5767 – 1319 – 0

Ⅰ.①E⋯ Ⅱ.①王⋯ ②王⋯ Ⅲ.①表处理软件–应
用–测量–数据处理 Ⅳ.①P2

中国国家版本馆 CIP 数据核字(2024)第 072210

策划编辑 闻 竹
责任编辑 周一瞳
封面设计 麻 凯
出版发行 哈尔滨工业大学出版社
社 址 哈尔滨市南岗区复华四道街 10 号 邮编 150006
传 真 0451 – 86414749
网 址 http://hitpress. hit. edu. cn
印 刷 哈尔滨市颉升高印刷有限公司
开 本 787mm×1092mm 1/16 印张 10.5 字数 212 千字
版 次 2024 年 3 月第 1 版 2024 年 3 月第 1 次印刷
书 号 ISBN 978 – 7 – 5767 – 1319 – 0
定 价 69.00 元

前　　言

　　测绘是一个涉及地理空间信息的重要领域，它为我们提供了地理位置、地形和地物的准确信息。随着测绘技术的不断发展和进步，测绘数据量也在逐渐增长，如何对这些庞大的数据进行有效的处理以更好地分析和应用这些数据显得至关重要。经测绘行业调研，Excel是繁杂测量数据处理的常用工具，利用Excel进行测量数据处理是学生走向工作岗位的必备技能。但其在部分高校课程教学中并没有引起高度重视，存在教学与行业应用脱轨的现象，有些院校只是将其应用于部分的实验中，其内容和方法具有局限性。在这种情况下，编者在总结多年测绘教学、生产及科研经验的基础上，参阅了大量相关资料，编写了本书。本书将测绘专业课中所涉及的测绘数据处理知识点按应用领域一一提取讲解，从简到难逐渐深入，并基于Excel进行实例操作和演示。

　　本书在阐述相关基本理论和方法的基础上分类介绍了Excel在测量数据处理中的内容和方法，书中的内容着重突出实用性和操作性。本书共分9章，主要介绍水准测量、角度测量、交会测量、三角高程测量、导线测量、圆曲线放样、平差测量等数据处理中的内容和方法。本书由内江师范学院的王芳老师、内江职业技术学院的王建老师、哈尔滨师范大学的王忠良老师共同编写完成。具体分工如下：王芳老师负责编写第3章、第8章、第9章、第10章和参考文献的内容，共计10万字；王建老师负责编写第1章、第2章和第4章的内容，共计5.06万字；王忠良老师负责编写第5章、第6章和第7章的内容，共计5.06万字。全书最终由王芳老师统稿完成。

　　本书在编写过程中参阅和引用了大量相关标准、规范、书籍和文献资料，在此向有关作者表示衷心感谢！虽然编者多次修改书稿，力图完善，但仍难免存在疏漏和不足，敬请读者提出宝贵的修改意见。

编　者

2024年1月

目　　录

第 1 章　引　言

Microsoft Excel 数据处理软件是办公自动化软件 Office 中的重要组成部分,由美国微软公司研制开发。Excel 表格具有强大的数据处理功能,其用户众多,应用广泛。Excel 主要应用在办公自动化等领域,是一种进行日常事务及工作处理的脚本语言,即便是普通计算机用户通常也能熟练应用,如办公人员进行的重复事务处理、科研人员进行的数据处理或模拟、公司或企业进行的简单数据处理汇总等。上述几方面是过去很多年来 Excel 的主要应用领域,Excel 在其中可以实现的功能如下:

① 自动化处理重复性任务;

② 对 Excel 中的工具栏、菜单和窗体界面进行自定义;

③ 使用简化模板;

④ 基于 Excel 环境添加额外功能;

⑤ 基于数据执行复杂的处理和分析;

⑥ 自动绘制并自定义各类图表。

测绘工作一般分为内业和外业。内业工作主要包括数据处理、制图、地理信息、系统开发等,通常在办公室内完成。而外业工作则涉及实地测量、调查、勘察等,通常需要在野外进行。测量人员在野外进行数据采集的目的主要是获得必要观测数据,如点的坐标、点与点之间的距离、边与边之间夹角在水平面上的投影(水平角)等。外业数据采集完毕之后,进入内业数据处理环节,其主要任务就是求算未知信息,如导线测量就是通过在野外观测的边长和角度,经过一系列的平差计算,获得待定点的坐标信息。

在实际测绘作业中,测量数据量庞大,公式复杂,Excel 表格数据处理功能强大、应用广泛且免费使用,同样的任务只需要改变外业观测数据,而不需要重复编辑公式,具有直观、简便、针对性强和应用广泛的特点。测绘数据处理专业软件一般是针对某一应用开发的,不具有普遍性,且购买费用昂贵。而近年来出现的一些软件针对大型工程的居多,如平差软件,由此造成每一种软件都不可能包罗万象,因此无法满足不同类型测量数据处理的需求。另外,某一平差软件的功能较为局限,但该类软件往往是针对大型控制网的平差计算而研发的,对于普通的水准、导线简单的计算和平差来说,此类软件反而显得笨重,会将简单的事情复杂化,不方便也不直观。

在实际工作中,根据作业的任务和特征设计测量数据处理表格,将测绘外业数据导入表格,调用 Excel 函数并编辑公式完成复杂的数据处理,从而使每一个测绘工作者,即便是对计算原理不甚了解的人员,也可以借助 Excel 函数和公式完成较为复杂的测绘数据处理任务。用 Excel 表格进行测量数据处理方便、灵活,大大简化了繁杂的数据处理过程,可以达到事半功倍的效果,它几乎可以完成除严密平差外的所有测量计算。在计算过程中应用逻辑函数,Excel 甚至能替代可编程计算器。近年来,测量工作者已经把 Excel 应用到导线平差计算、水准测量计算与平差、边长改化、变形观测数据处理、条件及间接平差、放样数据计算等领域。实践表明,Excel 计算方便、快捷,并能提供一张美观的计算表格。

同样,在测绘本专科专业课的教学中都将涉及大量数据处理,这是教学中的重点,也是难点,其中融入了高等数学、线性代数及概率论等知识,计算原理和过程相对复杂,涉及的知识点也较多,学生学习起来较为困难,使得专业课教学面临着挑战。借助 Excel 强大的处理数据功能和方便灵活的特点,教师在教学中引入 Excel 函数不仅能简化繁杂的数据处理,还能加深学生对所学知识和计算原理的理解,为以后走向工作岗位奠定基础。

Excel 在测量数据处理中的应用即根据测绘任务及其计算原理设计不同的计算表格,将观测和已知数据输入表中,通过调用 Excel 函数并编辑公式,完成复杂的数据处理过程,实现数据的自动化处理。由于 Excel 中具有 VBA 编程语言,因此可以通过编辑程序来实现测量数据的计算,进一步扩展 Excel 的功能。由于 Excel 的计算过程是直观、开放的,对测绘相关原理和 Excel 较为了解的作业者可以参照计算原理对计算公式和程序根据需求进行修改、扩充,因此Excel 表格的计算具有良好的可扩展性。

经测绘行业调研,Excel 是繁杂测量数据处理的常用工具,灵活运用此工具是学生走向工作岗位的必备技能。但其在高校课程教学中并没有引起高度重视,存在教学与行业应用脱轨的现象,有些院校只是将其应用于部分的实验中,其内容和方法具有局限性。目前尤其严重的问题是教材缺失,市场上少见相关及同类针对测量数据处理的教材。

第 2 章　Excel 2010 简介

2.1　Excel 2010 入门

2.1.1　Excel 启动方法及其工作环境

1. Excel 启动方法

方法一：执行"开始／所有程序／Microsoft office/Microsoft Excel 2010"命令启动 Excel。

方法二：双击已有 Excel 文件图标来启动 Excel。除执行命令来启动 Excel 外，在 Windows 桌面或文件资料夹视窗中双击 Excel 工作表的名称或图标同样也可以启动 Excel。

2. Excel 工作环境

Excel 启动后，可以看到图 2 – 1 所示的界面。

（1）功能菜单（页次）。

Excel 功能操作分为八大菜单，包括文件、开始、插入、页面布局、公式、数据、审阅和视图。各菜单具有各自相关的功能区，方便切换和选用。例如，开始菜单包括基本操作功能，如字型、对齐方式的设定，只需切换到该菜单即可看到其中包含的具体功能。

（2）功能区。

各菜单的功能区放置了编辑工作表所需的工具按钮。开启 Excel 时默认显示的是"开始"菜单下的工具按钮，当按下其他菜单时，便会显示该菜单所包含的工具按钮。

（3）快速存取工具栏。

快速存取工具栏是常用工具的摆放位置，以便于快速完成工作表的编辑工作。默认的快速存取工具栏通常只有三个工具，依次为存储文件、复原及取消复原，也可按下■对自己常用的工具进行设置。若常用的工具不在其中，则可执行"其他命令"命令进行查找设置。

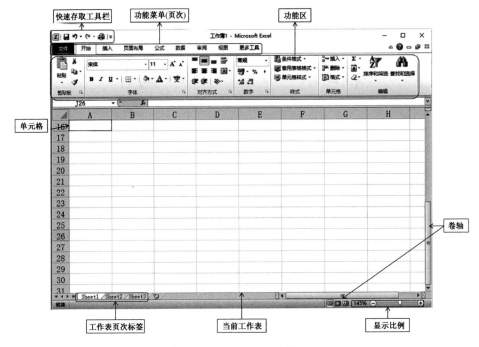

图 2 - 1　　Excel 2010 界面

（4）显示比例。

显示比例位于视窗右下角,显示的是当前工作表的比例。按下⊕按钮可放大显示比例,每按一次放大 10%;按下⊖按钮会缩小显示比例,每按一次会缩小 10%。也可以直接拉曳中间的滑动杆,向⊕按钮方向拉曳可放大显示比例,向⊖按钮方向拖拽可缩小显示比例。如果鼠标附有滚轮,也可按住键盘上的 Ctrl 键加鼠标滚轮进行快速放大或缩小。此外,也可按下工具列左侧的"缩放比例"按钮,由"显示比例"对话框来设定显示比例。

2.1.2　工作簿与工作簿视窗

1. 工作簿与工作表

工作簿是 Excel 使用的文件架构,可以将它想象成一个工作夹,在这个工作夹里有许多工作纸,这些工作纸就是工作表。Excel 2010 启动后,默认有三个工作表,其页次标签分别为 Sheet1、Sheet2 和 Sheet3,如图 2 - 1 所示。

2. 单元格与单元格位址

工作表中的一个个方格称为"单元格",是输入资料的放置区域。工作表的列标题是以 A、B、C、… 命名的,行标题是以 1、2、3、… 命名的,单元格的位址便是其所在列标题和行标题的组合。图 2 - 1 中选中的单元格位于第 A 列第 1 行,其位址便是 A1。

3. 卷轴

每张工作表有 16 384 列(A,…,XFD) × 1 048 576 行(1,…,1 048 576) = 17 179 869 184 个单元格。如此大的工作表,屏幕是显示不完的,但可以利用工作簿卷轴将工作表分批显示到屏幕上。卷轴的前后端各有一个"卷轴钮",图 2 - 1 中最右边的部分即卷轴,其中间则是一个滑动杆。

2.1.3　结束 Excel

Excel 编辑完之后,若要结束操作,则只需点击右上角的"关闭"按钮即可,或按下"文件"下拉菜单下的"退出"按钮即可结束 Excel。这时,会出现提示存档信息,按需求选择即可。

2.2　建立 Excel 工作簿与输入资料

2.2.1　建立新文件及工作簿视窗的操作

1. 建立新工作簿

启动 Excel 即可新建一份工作簿。也可以点击"文件"功能菜单,通过其子菜单中的"新建"工具按钮来新建一份工作簿。Excel 会分别以工作簿 1、工作簿 2、… 来命名开启的工作簿。若要重新进行工作簿的命名,可在保存文件时进行重命名。

2. 切换工作簿视图

先利用上述方法再建立一个工作簿,目前有两个工作簿视窗。点击"视图"功能菜单,再按下"窗口"区的"切换窗口",即可从中选取所需的工作簿。切换工作簿视图如图 2 - 2 所示。

图 2 - 2　切换工作簿视图

2.2.2　在单元格中输入资料

1. 资料的种类

单元格的资料大致可分成两类:一类是可计算的数字资料(包括日期、时间);另一类则是不可计算的文字资料。

可用于计算的数字资料包括数字 0 ~ 9 和符号(如小数点、+、-、$ 、%等),如16.23、- 104、$ 521、50% 等形式的都是数字资料。另外,日期、时间也是数字资料,其中含有文字或符号,如 2021/01/22、09:20AM、2 月 22 日等。

不可用于计算的文字资料包括汉字、英文字母、文字和数字的组合(如身份证号码)。数字资料有时也会以文字形式输入,如手机号码、邮政编码等。

2. 资料输入

无论是文字还是数值,资料输入的步骤均相同。首先选中要输入资料的单元格,使其成为活动单元格,直接输入资料即可。若编辑的单元格中已有内容,可双击该单元格或按 F2 键再输入,这样才不会将原有内容覆盖。资料输入时,输入内容同时在编辑栏中显示。可按回车键或点击编辑栏上的"√"来确认输入完毕;可按 Esc 键或点击编辑栏上的"×"号来取消输入。

输入完毕后,Excel 回到就绪模式。若要清除单元格中的内容,则先选取该单元格,然后按下 Delete 键或按下鼠标右键,在弹出的对话框中选择"清除内容"。

(1) 文本的输入。

文本可以是数字、字母、空格、其他可显示字符,以及由字母、数字、空格和其他可显示字符组成的字符串。默认情况下,单元格中的文本是左对齐的。欲使单元格中的数字成为文本,不参与数学计算,可在数字前面输入单引号('),此时的单引号不会是文本的一部分,它仅在编辑栏中显示,如图 2 - 3 所示。

若要键入多行文本,可在需要分行处按 Alt + Enter 键,即可将文字进行分行输入,如图 2 - 3 所示,在"数"字的后面按 Alt + Enter 键,再输入"/m",即可将文字分行。

A	B
身份证号	分行输入
422711196511116000	前视尺读数 /m

图 2 - 3　文本的输入

(2) 数值的输入。

Excel 中的数值是指整数、小数、分数和科学计数数值。默认情况下,单元格中的数字右对齐,且正数的符号通常不显示。

分数输入(如 2/3)时,先输入"0"并键入一个空格,再输入"2/3"。如果直接输入"2/3",则 Excel 将其作为日期格式进行处理,为"3 月 2 日",如图 2 - 4 所示。当输入的数值位数较多时,单元格中会显示一串"#"号。这是因为单元格的宽度不够,但实际数值依然存在,调整单元格的宽度即可显示数值。

C2	fx	123556666259966	
A	B	C	D
直接输入 2/3	输入"0"、一个空格和 2/3	宽度调整前	宽度调整后
2月3日	2/3	###########	123556666259966

图 2 - 4　数值的输入

(3) 日期和时间的输入。

日期的输入按"月日年"的次序在单元格中进行输入,"月日年"每两字中间用"/"或"-"分隔。如果要输入当前日期,则同时按 Ctrl 和分号(;)键即可。

时间输入时,"时分秒"之间要用冒号分隔。默认情况下,输入的时间为上午时间。若要特别说明是下午,需要在输入的时间后按空格键,再输入"P"或"PM"来表示。如果输入当前时间,则可同时按 Ctrl + 冒号(:)键。

(4) 批注的输入。

单元格批注是对该单元格信息的补充说明。单元格批注信息在默认情况下是不显示的,以红色三角符号的形式显示在含批注单元格的右上角。只有当鼠标指针移动到该单元格位置或该单元格为活动单元格或右键 → 显示批注时,批注信息才显示出来,如图 2 - 5 所示。

	A	B	C	D	E	F	G	H
1	闭合导线计算平差表							
2	测站		左角 β			左角	改正数	改正后的角度
3			°	′	″	十进制	″	十进制
4	A						—	
5	D		157	9	34	157.16	0.00	157.16
6	1		94	30	48	94.51	0.00	94.51
7	2		89	17	58	89.30	0.00	89.30
8	3		178	33	27	178.56	0.00	178.56
9	4		122	31	25	122.52	0.00	122.52
10	A		77	56	9	77.94	0.00	77.94

图 2 - 5　批注的显示

①添加批注。选定要添加批注的单元格,选择审阅 → 新建批注或右键 →插入批注,弹出批注信息对话框输入相应的内容即可。

②批注的编辑。选定含有批注的单元格,选择审阅 → 编辑批注或右键 →编辑批注。

③批注的删除。选定含有批注的单元格,选择审阅 → 删除或右键 → 删除批注,从子菜单中选择批注。

(5)特殊符号输入。

除数字、文本、日期等格式的信息外,还可以在 Excel 单元格中输入特殊符号。特殊符号虽然是文本的一种,但其大部分不能直接用键盘输入。特殊符号包含以下几种。

①中文标点符号,如省略号"…"等。

②数字序号,如带圈的数字序号"⑤"等。

③数学符号,如大于等于号"≥"等。

④单位符号,如摄氏度"℃"等。

⑤其他特殊符,如"⊙"等。

⑥上述特殊符号可通过选择插入菜单 → 符号的方式,根据需要自主选取相应的符号。

2.3　公式与函数

2.3.1　公式编辑

当在实际工作中需要对 Excel 表中的数值进行加、减、乘、除等运算时,通过 Excel 的公式和函数可完成些复杂的计算过程。Excel 计算方便灵活,使繁杂的计算公式简便化,而且当输入数据变化时,其计算结果会进行相应更新。

1. 输入公式

在 Excel 中输入公式时,必须以“=”开启,如 = B2 + C2,这样 Excel 才能识别输入的是公式,而不是文字和数据。下面以普通水准测量平差为例来说明。

公式编辑如图 2 - 6 所示,根据观测高差和改正数,要求改正后高差,则在 D3 单元格中的公式应为“= B3 + C3”。

	A	B	C	D
1	点名	观测高差/m	改正数/m	改正后高差/m
2	起点BM.*A*	—	—	—
3	点1	2.336	0.006	=B3+C3

图 2 - 6　公式编辑

基于此,在选定的 D3 单元格中输入“=”,接着单击单元格 B3,Excel 便会将 B2 输入到公式中。再输入“+”,然后单击 C2 单元格,如此公式便编辑完成了,同时该公式也会在数据编辑列中同步显示。最后点击数据编辑列上的“√”或按 Enter 键,其计算结果便显示在 D3 单元格中,计算结果的显示如图 2 - 7 所示。

	A	B	C	D
1	点名	观测高差/m	改正数/m	改正后高差/m
2	起点BM.*A*	—	—	—
3	点1	2.336	0.006	2.342

图 2 - 7　计算结果的显示

2. 结果自动更新

单元格中的内容变化时,Excel 中公式的计算结果会随之更新。就上述例子而言,公式编辑好之后,发现起点 BM. *A* 至点 1 的高差输错了,应该是 2.236 单元,格 B3 的值改正为 2.236 后,E3 单元格中的计算结果也随之更新为 2.242,计算结果的自动更新如图 2 - 8 所示。

	A	B	C	D
1	点名	观测高差/m	改正数/m	改正后高差/m
2	起点BM.*A*	—	—	—
3	点1	2.336	0.006	2.342
4	点2	-8.653	0.010	-8.643

图 2 - 8 计算结果的自动更新

3. 公式的复制

公式的复制如图 2 - 9 所示,每两个水准点之间改正后高差的计算公式均相同,这时即可采用复制公式的方式进行。除通常用的复制粘贴外,还可以采用 Excel 的自动填满功能实现。首先选中编辑好公式的单元格 D3,将光标移至该单元格的右下角,当光标就会变为"+"时,按住鼠标拉拽至目标行或列,如图中为 D4:D6,这时 D3 单元格中的公式便会复制到目标单元格区域。

	A	B	C	D
1	点名	观测高差/m	改正数/m	改正后高差/m
2	起点BM.*A*	—	—	—
3	点1	2.336	0.006	2.342
4	点2	-8.653	0.010	-8.643
5	点3	7.357	0.008	7.365
6	终点BM.*B*	3.456	0.006	3.462

图 2 - 9 公式的复制

另外,若要将 D3 中的公式复制到同一列的其他单元格区域 D4:D6 中,也可以将鼠标移至 D3 的右下角,当出现"+"时双击鼠标即可。改正数和改正后高差的计算也可以用相同的方法进行。

2.3.2　相对参照位址与绝对参照位址

1. 相对与绝对参照的切换

在进行水准测量、导线测量等成果平差的过程中,公式中会涉及单元格的相对参照地址和绝对参照地址。最常见的是相对参照位址,其表示方式为 A4、D1;绝对参照位址的表示方法是在单元格前面加"$"符号,如 $A$4、$D$1。

相对参照位址与绝对参照位址的切换方式为按 F4 键,可来回切换单元格地址参照方式的类型,若参照的单元格为 B5,则通过按 F4 键,相对参照位址与绝对参照位址的切换方式见表 2 - 1。

表 2 - 1　相对参照位址与绝对参照位址的切换方式

F4 键	存储格	参照位址类型
按第一次	$B$5	绝对参照位址
按第二次	B$5	混合参照位址(行绝对列相对)
按第三次	$B5	混合参照位址(行相对列绝对)
按第四次	B5	还原为相对参照位址

2. 相对参照位址与绝对参照位址的使用与差异

下面仍以普通水准测量平差来说明相对参照地址与绝对参照地址的使用和差异。

绝对参照位址的使用方式如图 2 - 10 所示,在需要计算的 D3 单元格输入公式" = B3 + C3"得到计算结果,这里的公式使用的是相对引用位址。

图 2 - 10 中,选取 D4 单元格,然后在数据编辑列中输入" = B4",按下 F4 键,B4 会变为成 $B$4,也可以直接在公式编辑列中输入" = $B$4"。然后输入" + C4",再一次按下 F4 键将 C4 变为 $C$4,最后按下 Enter 键,公式便输入完毕。

虽然 D3 和 D4 的公式分别是由相对参照地址和绝对参照地址组成的,但二者的计算结果相同。二者之间有何差异呢? 首先选定 D3:D4 单元格区域,使用拉曳复制的方式填满控点到下一列,将公式复制到 E3:E4 单元格区域,其公式的复制及其计算结果分别如图 2 - 11 和图 2 - 12 所示。

由于 D3 单元格中的公式使用了相对参照位址,表示要计算 D3 向左两个单元格(B3、C4)之和,因此当该公式复制至 E3 单元格时,便变为从 E3 向左两个单元格之和,计算结果便为 C3 与 D3 之和。而 D4 单元格中的公式使用了绝对

	A	B	C	D
				VL... ▾ ⊗ ✕ ✔ ƒₓ =$B$4+$C$4
1	点名	观测高差/m	改正数/m	改正后高差/m
2	起点BM.*A*	—	—	—
3	点1	2.336	0.006	2.342
4	点2	-8.653	0.010	=$B$4+████

图 2－10　绝对参照位址的使用方式

	A	B	C	D	E
			E3 ▾ ƒₓ =C3+D3		
1	点名	观测高差/m	改正数/m	改正后高差/m	
2	起点BM.*A*	—	—	—	
3	点1	2.336	0.006	2.342	2.348

图 2－11　相对参照位址公式的复制及其计算结果

	A	B	C	D	E
			E4 ▾ ƒₓ =$B$4+$C$4		
1	点名	观测高差/m	改正数/m	改正后高差/m	
2	起点BM.*A*	—	—	—	
3	点1	2.336	0.006	2.342	2.348
4	点2	-8.653	0.010	-8.643	-8.643

图 2－12　绝对参照位址公式的复制及其计算结果

参照位址,因此无论该公式复制到何处,Excel 都会默认是 B4 与 C4 之和,从而使 D4 与 E4 的计算结果相同。

3. 混合参照

若在公式中同时使用了相对参照位址和绝对参照位址,此种情况便称为混合参照,该公式在复制时,绝对参照部分(如 $B3 的 B 列)不变,但相对引用部分(如 $B3 的行)会随之改变。

仍以上例来说明,首先将 D4 单元格中的绝对参照公式"＝$B$4＋$C$4"改成混合参照公式"＝$B4＋C4",先将光标移至"＝"之后,按两次 F4,让 $B$4 变成 $B4。将光标移至"＋"之后,按 3 次 F4 将 $C$4 变成 C4,最后以 Enter 结尾,完成公式。将其分别拉曳填满控点复制至 D5 及 E4,公式及其计算结果如图 2－13 和图 2－14 所示。

D5	▼ ●	fx	=$B5+C5		
	A	B	C	D	E
1	点名	观测高差/m	改正数/m	改正后高差/m	
2	起点BM.A	—	—	—	
3	点1	2.336	0.006	2.342	2.348
4	点2	-8.653	0.010	-8.643	-17.296
5				0.000	

图 2－13　单元格 D5 的公式及其计算结果

E4	▼ ●	fx	=$B4+D4		
	A	B	C	D	E
1	点名	观测高差/m	改正数/m	改正后高差/m	
2	起点BM.A	—	—	—	
3	点1	2.336	0.006	2.342	2.348
4	点2	-8.653	0.010	-8.643	-17.296
5				0.000	

图 2－14　单元格 E4 的公式及其计算结果

2.3.3　Excel 函数的使用

Excel 函数是根据各种需要设计好的计算公式,以节约自行设计公式的时间,下面来说明如何使用 Excel 函数。

1. Excel 函数格式

(1)Excel 函数组成。

每个 Excel 函数均包括函数名称、自变量和小括号三部分。 先以 AVERAGE 函数为例来说明。

AVERAGE 为函数名称,由其名称可知该函数的功能为求均值。

小括号里为自变量,即使有些函数没有自变量,但小括号仍然不能省略。

自变量为函数运算必需的数据,如 AVERAGE (2,4,6),该函数表示计算 2、4、6 三个数字的平均值,这三个数字就是自变量。

(2) 自变量类型。

Excel 函数的自变量不仅可以是数字,还可以是文字或其他类型,如下所示。

① 单元格位址。如 AVERAGE (C1,C2) 即为要计算 C1 单元格中数值与 C2 单元格中数值的均值。

② 单元格范围。如 AVERAGE（B1:B4）即为要求 B1:B4 单元格范围中数字的均值。

③Excel 函数。如 AVERAGE（SUM(C1:C4)）即为计算 C1:C4 范围中数值总和的均值。

2. 使用函数方块输入函数

函数是公式的一种类型，所以在使用函数时，也需以等号"="开启。仍以普通水准测量平差为例，若要计算所有的测站数与观测高差之和，则可以在单元格 B8 中采用 SUM 函数进行计算。先选中 B7 单元格，并在该单元格或数据编辑列中输入"="，再点击函数方块右侧的下拉按钮，在下拉菜单中选取 SUM 函数（图 2 – 15），此时会开启函数参数对话框，如图 2 – 16 所示。一般情况下，函数方块下拉菜单会显示最近使用的 10 个函数，若在其中找不到要使用的函数，则此时可选取其他函数启动插入函数对话框来查找要采用的函数。

		B	C	D	E	F
SUM AVERAGE IF HYPERLINK COUNT MAX SIN SUMIF PMT STDEV 其他函数...		测站数/站	观测高差/m	改正数/m	改正后高差/m	高程/m
	4	—	—	—	—	72.536
		6	2.336	0.006	2.342	80.564
4	点2	10	-8.653	0.010	-8.643	80.196
5	点3	8	7.357	0.008	7.365	79.491
6	终点BM·B	6	3.456	0.006	3.462	77.062
7	和	=				—

图 2 – 15　函数方块输入函数

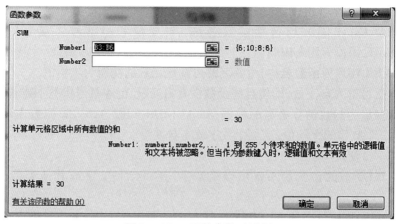

图 2 – 16　函数参数对话框

接下来是设定函数自变量的区域,先点击自变量栏 Number 1 右侧的折叠钮█,使函数参数对话框收起,然后在工作表中选中 B3:B6 作为自变量(图 2 – 17)。点击自变量栏右侧的展开钮█,函数自变量对话窗会在此展开,按下确定钮,B8 单元格中就会显示计算结果,如图 2 – 18 所示。高差之和的计算也可采用同样的方法。

VL...	A	B	C
1	点名	测站数/站	观测高差/m
2	起点BM.*A*	—	—
3	点1	6	2.336
4	点2	10	-8.653
5	点3	8	7.357
6	终点BM.*B*	6	3.456
7	和	=SUM(B3:B6)	
8		SUM(**number1**, [number2], ...)	

图 2 – 17　函数自变量的设定

B7		fx	=SUM(B3:B6)
	A	B	C
1	点名	测站数/站	观测高差/m
2	起点BM.*A*	—	—
3	点1	6	2.336
4	点2	10	-8.653
5	点3	8	7.357
6	终点BM.*B*	6	3.456
7	和	30	

图 2 – 18　计算结果

3. 自动显示函数列表输入函数

若事先知道要使用的函数,或是函数名称较长,函数输入方法会更为简便。仍以上面的例子来说明,在 B7 单元格内直接输入"="开启函数,然后输入函数名的第一个字母 S,单元格下面会出现以 S 开头的函数,若想用的函数仍未出现,可以继续输入第二个字母 U,要使用的函数出现后,用双击鼠标就可以输入函数自变量的单元格区域了,自动显示函数列表输入函数如图 2 – 19 所示。

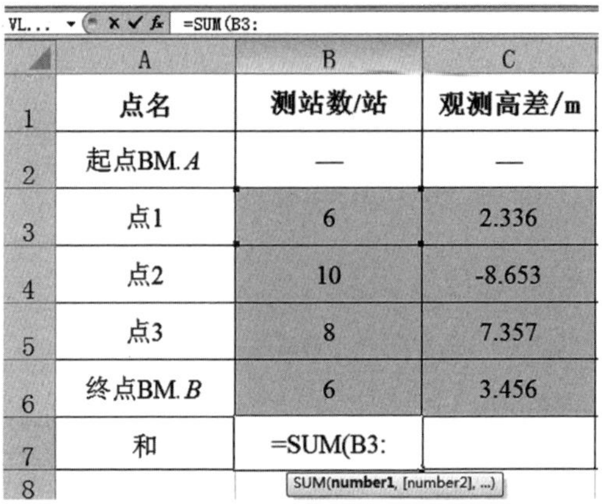

图 2 - 19　自动显示函数列表输入函数

4. 利用"自动求和"钮快速输入函数

开始菜单编辑区具有自动求和功能,可以快速输入函数,仍以上面的例子来说明,先选取 C7 单元格,点击该按钮时,便会自动插入 SUM 函数,且连自变量都自行设定完成,如图 2 - 20 所示。除自动求和功能外,该功能区还提供多种常用的函数,点击该按钮旁边的下拉键,即可根据需要进行选取计算。

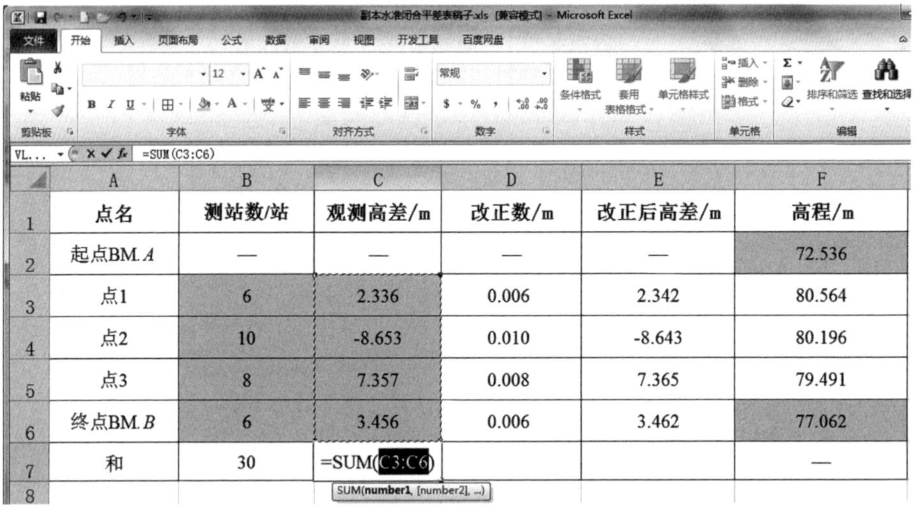

图 2 - 20　利用"自动求和"按钮快速输入函数

5. 利用"插入函数"输入函数

作为 Excel 函数的大本营,插入函数中的函数是最丰富的,当在函数方块列中找不到所需函数时,就可以采用这种方式进行函数输入。

仍以普通水准测量平差为例,首先选中单元格 C10,输入"12 *"然后点击公式菜单下的插入函数功能,启动插入函数对话框,从中选取 SQRT 函数,输入函数自变量的范围,按下确定键即可进行高差闭合差允许值的计算。若不知道 Excel 是否提供所要的函数,也可在搜索函数栏输入关键词,再按下右侧的转到键进行搜寻,如图 2 - 21 和图 2 - 22 所示。

图 2 - 21　函数搜索

	A	B	C	D	E	F
1	普通水准测量成果处理表					
2	点名	测站数/站	观测高差/m	改正数/m	改正后高差/m	高程/m
3	起点BM.A	—	—	—	—	72.536
4	点1	6	2.336	0.006	2.342	80.564
5	点2	10	-8.653	0.010	-8.643	80.196
6	点3	8	7.357	0.008	7.365	79.491
7	终点BM.B	6	3.456	0.006	3.462	77.062
8	和	30	4.496	0.030	4.526	—
9	高差闭合差/m:		-0.03			
10	闭合差允许值/mm:		65.73			
11	每测站改正数/(m·站$^{-1}$):					

图 2 - 22　利用"插入函数"进行高差闭合差允许值的计算

2.4　工作表的编辑

2.4.1　复制单元格资料

1. 鼠标拖拽复制资料

当工作表中要重复使用相同的数据时,可将单元格的内容复制到要使用的目的位置,节省一一输入的时间。本节要分别介绍利用工具钮及鼠标拖拽复制资料的操作步骤。

当工作表中需要输入相同的内容时,除可以使用工具按钮或快捷键复制资料外,还能使用鼠标拉拽将资料复制到目标位置,与前面公式复制的步骤完全相同。注意在执行移动单元格时,需要按住 Ctrl 键,在鼠标箭头右上角出现一个"＋"号时,即可实现单元格的移动复制。

2. 插入复制资料

若需要粘贴的单元格已有资料,直接将复制的内容粘贴会造成原有资料的丢失。如果想在保留原有内容的同时,将资料复制到目标单元格,可通过插入复制资料的方式来实现。如果要将 A1 单元格的内容复制到 A2 单元格,但又要保留 A2 的原有内容,则具体操作如下。

首先选取资料来源的单元格 A1,按下 Ctrl ＋ C 键将资料进行复制;然后选取目标单元格 A2,在开始菜单下插入功能子菜单中选择插入复制的资料;最后在弹出的对话框中选取活动单元格下移,原有的资料就会下移一单元格,而 A1单元格的内容也复制到 A2 单元格,如图 2 - 23 所示。

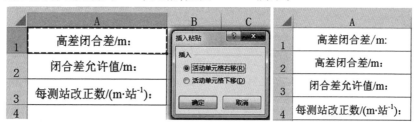

图 2 - 23　　插入复制资料

2.4.2　资料搬移

资料搬移是指将资料信息由一个单元格区域移动到另一个单元格区域存放。当资料信息放错位置或资料信息需要调整位置存放时,均可通过资料搬移来调整。

1. 利用工具钮搬移资料

首先选中要搬移资料所在的单元格区域,然后通过开始菜单下剪贴板功能区的剪切按钮或 Ctrl + X,将选中内容剪切,选取目标单元格区域区域按下剪贴板功能区的粘贴按钮或 Ctrl + V,即可将资料搬移到目标区域。

2. 利用鼠标拖拽搬移资料

通过鼠标拖拽同样可以搬移资料。首先选中要搬移资料所在的区域,当鼠标变成四向箭头的十字时(注意不要放在填满控点上),将其拖拽至目标单元格区域,然后放开鼠标即可。

3. 利用 Shift 键 + 鼠标左键搬移资料

若目标区域已存有资料,为避免搬移的资料将原有内容覆盖掉,可采用 Shift 键 + 鼠标的方式进行资料搬移。如图 2 - 24 所示,假设点 1 和点 2 放错了,需要将二者的位置进行对调,则可通过以下步骤来实现。

	A	B
1	点名	观测高差/m
2	起点BM.A	—
3	点1	2.336
4	点2	-8.653

	A	B
1	点名	观测高差/m
2	起点BM.A	—
3	点2	2.336
4	点1	-8.653

图 2 - 24　利用 Shift 键 + 鼠标左键搬移资料

首先选取要搬移单元格 A3,然后按下 Shift 和鼠标左键,将其拖到目标单元格 A3,二者即可实现对调。

2.4.3　复制与搬移对公式的影响

若单元格中含有公式,要搬移、复制该单元格,就要注意搬移、复制单元格对公式的影响。

1. 复制对公式的影响

若将公式复制到目标单元格,Excel 会将公式自动调整为与该区域相关的相对地址,所以若要使复制的公式仍然参照原来的单元格区域,则该公式引用的单元格应该采用绝对参照位址。

如图 2 - 25 所示,仍以普通水准测量平差为例,B7 单元格含有公式,用以计算所有测站数之和,即 B7 单元格上面 3 个单元格数值的总和,将 B7 复制到 C7 时,公式就变成从 C7 向上 4 个单元格的总和,即观测高差之和。

B7		fx =SUM(B3:B6)		C7		fx =SUM(C3:C6)	
	A	B	C		A	B	C
	点名	测站数/站	观测高差/m		点名	测站数/站	观测高差/m
1				1			
2	起点BM.A	—	—	2	起点BM.A	—	—
3	点1	6	2.336	3	点1	6	2.336
4	点2	10	-8.653	4	点2	10	-8.653
5	点3	8	7.357	5	点3	8	7.357
6	终点BM.B	6	3.456	6	终点BM.B	6	3.456
7	和	30		7	和	30	4.496

(a)复制前	(b)复制后

图 2 - 25　复制对公式的影响

2. 搬移对公式的影响

若公式及其引用的单元格资料要进行搬移,则要特别注意:若搬移的是公式,则公式中引用的单元格位址不会随目标区域位址调整而变化,该公式参照的仍然是原来的单元格位址。如图 2 - 26 所示,当将 B7 复制到 C7 时,其结果仍是 30,公式参照的单元格区域不变,仍是 B3:B6。

B7		fx =SUM(B3:B6)		C7		fx =SUM(B3:B6)	
	A	B		A	B	C
	点名	测站数/站		点名	测站数/站	
1			1			
2	起点BM.A	—	2	起点BM.A	—	
3	点1	6	3	点1	6	
4	点2	10	4	点2	10	
5	点3	8	5	点3	8	
6	终点BM.B	6	6	终点BM.B	6	
7	和	30	7	和		30

图 2 - 26　搬移公式

若仅搬移公式参照到单元格范围的一个单元格,该公式参照的单元格区域不变,如图 2 - 27 所示,则将 B5 单元格搬到 C5 单元格,公式参照的单元格区域不变,而值却变了。若该公式参照的整个单元格区域范围搬移到他处,则公式的参照范围会跟着调整到新的区域,如图 2 - 28 所示。

若公式引用的单元格数值被搬移到其他单元格,则该公式会自动更新到新地址。将 B5 单元格中的数值搬移到 C5 单元格,则搬移后公式的引用范围随之改变,如图 2 - 29 所示。

B7	× ✓ fx	=SUM(B3:B6)		B7	× ✓ fx	=SUM(B3:B6)	
	A	B			A	B	C
1	点名	测站数/站		1	点名	测站数/站	
2	起点BM.*A*	——		2	起点BM.*A*	——	
3	点1	6		3	点1	6	
4	点2	10		4	点2	10	
5	点3	8		5	点3		8
6	终点BM.*B*	6		6	终点BM.*B*	6	
7	和	30		7	和	22	

图 2 - 27　搬移公式引用的某个单元格

B7	× ✓ fx	=SUM(C3:C6)	
	A	B	C
1	点名	测站数/站	
2	起点BM.*A*	——	
3	点1		6
4	点2		10
5	点3		8
6	终点BM.*B*		6
7	和	30	

图 2 - 28　搬移公式引用的整个单元格区域

B7	× ✓ fx	=B3+B4+B5+B6		B7	× ✓ fx	=B3+B4+C5+B6	
	A	B			A	B	C
1	点名	测站数/站		1	点名	测站数/站	
2	起点BM.*A*	——		2	起点BM.*A*	——	
3	点1	6		3	点1	6	
4	点2	10		4	点2	10	
5	点3	8		5	点3		8
6	终点BM.*B*	6		6	终点BM.*B*	6	
7	和	30		7	和	30	

图 2 - 29　搬移单元格数值

2.4.4　单元格的新增与删除

1.除整行、整列的新增与删除

若要新增一列,则点击插入位置的列标,将一列单元格选中,单击右键,在弹出的快捷菜单中选择"插入"命令。也可以在"开始"菜单中选择"插入"按钮,再选择"插入工作表列",即可在完成新增一列。

若要新增一行,则点击插入位置的行标,将一行单元格选中,单击右键,在弹出快捷菜单中选择"插入"命令。也可以在"开始"菜单中选择"插入"按钮,选择"插入工作表行"功能键,即可完成新增一行。

若要删除一行或列,则选中在要删除的行或列,在其上单击右键弹出的快捷菜单,在其中选择"删除"命令。也可以在"开始"菜单中选择"删除"按钮。

2.空白单元格的新增与删除

(1)空白单元格的新增。

如图 2－30 所示,若要在 B4:F4 区域插入 5 个空白单元格,则首先将该区域选中,在"开始"菜单下单元格功能区选中"插入"按钮,执行"插入单元格"命令,在弹出的插入对话框中选择"活动单元格下移"即可。

(2)空白单元格的删除。

若要将空白单元格删除,则首先选取要删除的单元格,选择"开始"菜单下单元格功能区的"删除"按钮,执行"删除单元格"命令即可。

	A	B	C	D	E	F
1	点名	测站数/站	观测高差/m	改正数/m	改正后高差/m	高程/m
2	起点BM.*A*	—	—	—		72.536
3	点1	6	2.336	0.006	2.342	80.564
4	点2					
5	点3	10	-8.653	0.010	-8.643	80.196
6	终点BM.*B*	8	7.357	0.008	7.365	79.491
7	和	6	3.456	0.006	3.462	77.062
8		30	4.496	0.03	4.526	—

图 2－30　空白单元格的新增

2.4.5　设定单元格的文字格式

若设定格式的对象是单元格或单元格区域的,则只需选取该单元格,或选取单元格区域,再在"开始"菜单下利用字体功能区的工具钮对文字格式进行设定即可。

1. 基本格式的设定

（1）设定单元格资料的水平及垂直对齐方式。

要设定单元格区域资料的对齐方式，首先将该单元格区域进行选定，然后利用开始菜单下对齐方式功能区的工具钮进行设定。

（2）单元格文字自动换行。

首先选定含有文字的单元格，切换到开始菜单，利用对齐方式功能区下的自动换行钮进行调整。

2. 冻结拆分窗口

冻结窗口可以使工作表滚动的过程中特定行或列仍保持可见。

（1）冻结拆分窗格。

如图 2 - 31 所示，在"视图"菜单下窗口功能区中选中冻结窗口下拉菜单下的"冻结拆分窗格"按钮，在滚动工作表其余部分时，当前选取的行和列保持可见。

（2）冻结首行、列。

若选中冻结首行按钮，在滚动工作表的过程中，首行、首列始终可见，在表格非常大的情况下，滚动工作表时，会造成首行、首列标题覆盖，这时可采用此种方法，使首行、首列标题始终可见。

当窗格冻结时，若想要解除冻结，可将"冻结窗格"选项更改为"取消冻结窗格"即可。

3. 数据有效性

若要对单元格中的资料类型、范围进行设定，保证资料输入的快速、准确，即可采用数据有效性这项功能。当录入身份证号码、手机号和要保持测量数据的位数信息时，在输入过程

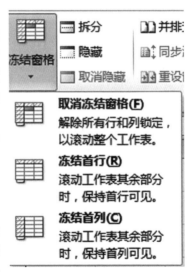

图 2 - 31　　冻结窗口

中容易出错、弄混，数据有效性能有效防止、避免这类错误的发生。设置数据有效性的过程如下。

如图 2 - 32 所示，首先选中输入数据所在的单元格区域，如 C3:C7，选择"数据"菜单栏下数据工具功能区中的"数据有效性"，开启数据有效性对话框，将设置有效性条件"允许"为"小数"，选择"数据"为"等于"，长度栏数值设为

3,即将观测高差的小数位数设为 3 位,这样在单元格输入的数值小数位数只能为 3 位,否则就会报错。

	点名	测站数/站	观测高差/m		程/m
1	普通水准测量成果处理表				
2					
3	起点BM.A	—	—		.536
4	点1	6	2.336		.564
5	点2	10	-8.653		.196
6	点3	8	7.357		.491
7	终点BM.B	6	3.456		.062
8	和	30	4.496		
9	高差闭合差/m:		-0.03		
10	闭合差允许值/mm:		65.73		
11	每测站改正数/(m·站$^{-1}$):				

图 2 - 32   数据有效性的设置

因此,数据有效性还可用于时间、日期、整数、小数等信息的检查。数据有效性的出错警告可以进行设置,包括"停止""警告"和"信息"三种方式,如图 2 - 33 所示。

图 2 - 33   出错警告设置

2.5　文件管理

1. 加密与备份

若工作表中的信息比较重要,则可根据情况随其进行加密和备份。具体步骤是:打开"文件"菜单选取"另存为",显示出图 2 - 34 所示的截面。点击工具下拉菜单中的"常规选项",可对工作表的打开权限密码和修改权限密码进行设置,也可设置生成只读和备份文件。

另外,也可通过"文件菜单中"信息"下"保护工作簿"中的"用密码进行加密"对工作表进行加密操作。

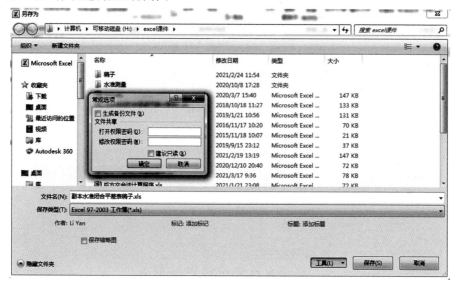

图 2 - 34　加密与备份

2. 对单元格进行保护

欲使某些单元格中的信息不被修改,可以对单元格进行保护操作,锁定其属性。具体过程如下:首先选定需要锁定的单元格,选择"审阅"菜单下更改功能区中的"保护工作表";然后在弹出的对话框中选择根据自己的需要进行设置;还可以设置取消工作表保护使用的密码,即可完成对单元格的锁定设置,如图 2 - 35 所示。

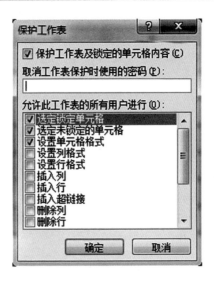

图 2 - 35 保护工作表

3. 保护工作簿

若要保护工作簿的结构,以防其被删除、移动、隐藏、取消隐藏和重命名工作表,且不可进行新工作表的插入操作,则具体过程如下。如图2-36所示,打开"审阅 → 保护工作簿"或"文件 → 信息 → 保护工作簿",若选定"窗口"选项,则可以保护工作簿窗口不被移动、缩放、隐藏、取消隐藏或关闭,同时也可以设置密码。

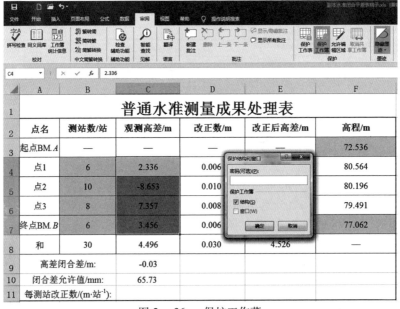

图 2 - 36 保护工作簿

4. 保护共享工作簿

若要对修订工作簿中进行跟踪,则可通过设置保护共享工作簿进行操作。打开"审阅 → 保护并共享工作簿",选中"以跟踪修订方式共享",同时也可设置共享密码,如图 2 – 37 所示。

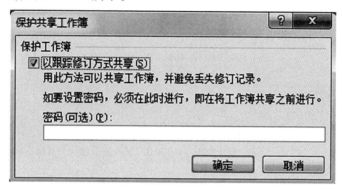

图 2 – 37　保护共享工作簿

5. 隐藏公式

若在共享工作簿时不让其他用户看到并编辑公式,可在共享之前隐藏包含公式的单元格,具体步骤如下。首先选定要隐藏公式的单元格区域,点击右键并选择"设置单元格格式"选,切换到"保护"选项,将"隐藏"复选框选中;然后对工作表进行保护操作,单击"确定"按钮即可。

6. 隐藏工作簿

若要隐藏当前活动工作簿,可切换到"视图"菜单下在"窗口"功能区中选中"隐藏"选项;若要取消隐藏,可切换到"视图"菜单下在"窗口"功能区中选中"取消隐藏"选项。

2.6　练　习　题

1. 根据所学内容,试在 Excel 中设计表 2 – 2 所示的水准测量记录及成果整理(两次仪器高法)计算表格,练习工作表的建立、资料的输入、工作表的编辑等相关操作,并对高差、平均高差、改正后高差、视距和高程进行运算处理,最后以学号 + 姓名的方式对工作表进行命名存盘,并对其进行加密处理。

表 2 − 2   水准测量记录及成果整理（两次仪器高法）

测站	点号	水准尺读数						高差 /m	平均高差 /m	改正后高差 /m	视距 /km	高程 /m
		后视			前视							
		上丝	中丝	下丝	上丝	中丝	下丝					
1	BM.A	1 339	1 134	929							0.083	50
			1 011									
	BM.1				1 888	1 677	1 469	− 0.543	− 0.006			49.451
						1 554		− 0.543	− 0.543	− 0.549		
2	BM.1	1 497	1 444	1 390							0.026	
			1 624									
	BM.2				1 400	1 324	1 248	+ 0.120	− 0.002			49.567
						1 508		+ 0.116	+ 0.118	+ 0.116		
3	BM.2	1 963	1 822	1 670							0.058	
			1 710									
	BM.3				1 019	0 876	0 730	+ 0.946	− 0.004			50.509
						0 764		+ 0.946	+ 0.946	+ 0.942		
4	BM.3	1 873	1 820	1 771							0.023	
			1 923									
	BM.4				1 499	1 435	1 368	+ 0.385	− 0.001			50.892
						1 540		+ 0.383	+ 0.384	+ 0.383		
5	BM.4	513	422	345							0.035	
			604									
	BM.A				1 405	1 312	1 225	− 0.890	− 0.002			50
						1 493		− 0.889	− 0.890	− 0.892		
合计								+ 0.031	+ 0.015	0	0.225	

辅助计算：

2. 根据所学内容，试在 Excel 中设计图 2 − 38 所示的四等水准测量计算表格，练习工作表的建立、资料的输入、工作表的编辑等相关操作，最后以"学号 + 姓名"的方式对工作表进行命名存盘，并对其进行加密处理。

3. 根据所学内容，试在 Excel 中设计表 2 − 3、表 2 − 4 所示的水平角观测记录表（全圆方向法）和竖直角观测记录格，练习工作表的建立、资料的输入、工作表的编辑等相关操作，最后以"学号 + 姓名"的方式对工作表进行命名存盘，并对其进行加密处理。

	B	C	D	E	F	G	H	I	J	K	L	M
1	四等水准测量计算表											
2						天气:			成象:			
3						观测:			记录:		司尺:	第　页
4	测点编号	后视	下丝	前视	下丝	尺序	K值	标尺读数		K+黑-红	高差中数	备　注
5			上丝		上丝							
6		后距(9)		前距(10)				黑面	红面			
7		视距差d		Σd						mm	m	
8		(1)		(4)				(3)	(8)	(14)	(18)	
9		(2)		(5)				(6)	(7)	(13)		
10		(9)		(10)				(15)	(16)	(17)		
11		(11)		(12)								
12	BM·1	1.426		0.801		后	4.787	1.211	5.998			
13	|	0.995		0.371		前	4.687	0.586	5.273			
14						后一前						
15	TP·1											
16	TP·1	1.812		0.57		后	4.687	1.554	6.241			
17	|	1.296		0.052		前	4.787	0.311	5.097			
18						后一前						
19	TP·2											
20	TP·2	0.889		1.713		后	4.787	0.698	5.486			
21	|	0.507		1.333		前	4.687	1.523	6.210			
22						后一前						
23	TP·3											
24	TP·3	1.891		0.758		后	4.687	1.708	6.395			
25	|	1.525		0.39		前	4.787	0.574	5.361			
26						后一前						
27	BM·2											
28		Σ(9)=			总视距		1/2*(Σ[(15)+(16)])=			总高差Σ△h=		
29		-Σ(10)=			Σ(9)=			Σ[(3)+(8)]				
30					+Σ(10)=			-Σ[(6)+(7)]				
31	末站(12)=				=							

图 2－38　四等水准测量计算表格界面

表 2－3　水平角观测记录表(全圆方向法)

测站	竖盘位置	目标	水平度盘读数	半测回角值	一测回均值
1					
2					

续表2-3

测站	竖盘位置	目标	水平度盘读数	半测回角值	一测回均值
3					
4					

表2-4 竖直角观测记录表

测站	目标	竖盘位置	竖盘读数	半测回角值	一测回角值 α	指标差 (i)	竖直度盘注记形式
O	A	盘左					
		盘右					
	B	盘左					
		盘右					
	C	盘左					
		盘右					
	D	盘左					
		盘右					

第3章　Excel 在水准测量中的应用

3.1　Excel 在水准测量数据成果处理中的应用

3.1.1　水准测量的原理

　　水准测量示意图如图3-1所示,若已知点 A 的高程,欲求未知点 B 的高程,则在 A、B 两点上各竖立一根水准尺,并在 A、B 之间安置水准仪。分别在 A、B 水准尺上读出读数 a、b,则 A 与 B 的高程之差为

$$h_{AB} = a - b \tag{3-1}$$

式中,高差 h 有正有负。

　　若已知 A 点高程为 H_A,则 B 点的高程 H_B 为

$$H_B = H_A + h_{AB} \tag{3-2}$$

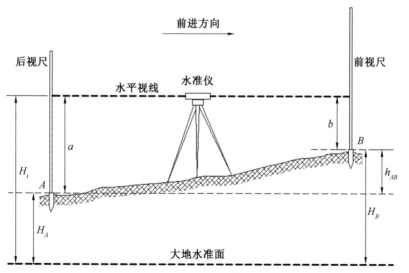

图 3-1　水准测量示意图

当 A、B 两点相距较远或其高差较大时,仅仅安置一次仪器不能测定 A、B 间

的高差值,则需要在两点间设置若干个临时的立尺点,作为传递高程的过渡点(转点),并分段连续安置水准仪、竖立水准尺,依次测定相邻转点之间的高差,最后取其代数和,从而求得 A、B 两点间的高差 h,这种方法称为连续水准测量。连续水准测量示意图如图 3 – 2 所示,假设 A、B 两点间布设一些过渡点(转点)$1,2,3,\cdots$,将其分为 n 段,用水准仪分别测得的各段高差分别为 $h_1,h_2,\cdots$,h_n,则有 $h_1 = a_1 - b_1,h_2 = a_2 - b_2,\cdots,h_n = a_n - b_n$。其中,$n$ 为水准仪的测站数。则 A、B 两点间的高差为

$$
\begin{aligned}
h_{AB} &= h_1 + h_2 + \cdots + h_n \\
&= (a_1 - b_1) + (a_2 - b_2) + \cdots + (a_n - b_n) \\
&= \sum a - \sum b \qquad\qquad (3-3)
\end{aligned}
$$

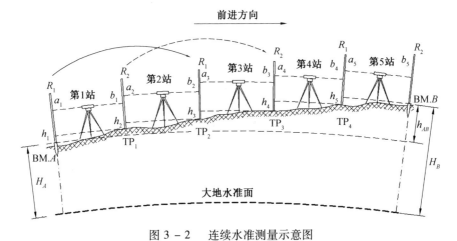

图 3 – 2 连续水准测量示意图

3.1.2 水准测量的内业计算

通过两次仪器高法或双面尺法的测站检核,虽符合要求,但是对于整条路线来说,还不能保证没有错误。例如,用作转点的尺垫在仪器搬站时不小心被碰动等引起的误差还需要通过闭合差来检验。因此,水准测量外业结束后,应及时进行成果整理,包括测量记录、计算复核、高差闭合差的计算和检核、高差改正值的计算、高差的改正和各点高程的计算。

1. 高差闭合差计算

(1)闭合差。

闭合差是指观测值与理论值的差值。高差闭合差就是高差的观测值与理论值的差值,常用 f_h 表示,即

$$
f_h = \sum h_{测} - \sum h_{理}
$$

高差闭合差的计算随水准路线的种类而不同,具体公式如下。

对于附合水准路线,其高差闭合差为

$$f_h = \sum h_{测} - \sum h_{理} = \sum h_{测} - (H_{终} - H_{始}) \qquad (3-4)$$

对于闭合水准路线,其高差闭合差为

$$f_h = \sum h_{测} \qquad (3-5)$$

对于支水准路线,其高差闭合差为

$$f_h = \sum h_{往} + \sum h_{返} \qquad (3-6)$$

(2)限差。

高差闭合差的允许值用 $f_{h允}$ 表示,等外水准测量的要求如下。

平地为

$$f_{h允} \leqslant 40\sqrt{L} \, (\text{mm})$$

式中　　L——水准路线的长度(km)。

山地为

$$f_{h允} \leqslant 10\sqrt{n} \, (\text{mm})$$

式中　　n——水准路线的测站数。

2. 高差改正数的计算(高差闭合差的分配)。

当高差闭合差在允许范围之内时,对于闭合水准路线和附合水准路线来说(支水准路线不需要计算高差改正数),即可进行高差改正数的计算,即消除高差闭合差。

高差闭合差改正原则与方法是按与测站数或测段长度成正比例的原则,将高差闭合差反其符号分配到各相应测段的高差上,即

$$V_i = -\frac{f_h}{\sum n} \cdot n_i \qquad (3-7)$$

或

$$V_i = \frac{f_h}{\sum S} \cdot S_i \qquad (3-8)$$

式中　　V_i——第 i 测段的高差改正数(mm);

　　　　$\sum n$、$\sum S$——水准路线总测站数与总长度;

　　　　n_i、S_i——第 i 测段的测站数与测段长度。

最终计算出的高差改正数的总和与高差闭合差大小相等,符号相反,即

$$\sum V_i = -f_h \qquad (3-9)$$

3. 改正后的高差计算

各测段改正后高差等于各测段观测高差加上相应的改正数,即

$$h_i = h_{i测} + V_i \qquad\qquad (3-10)$$

式中 h_i——第 i 段的改正后高差(m)。

4. 待定点高程计算

由起点高程和相邻两点间的高差逐一推算出各点高程。

3.1.3 相关函数

1. SQRT 函数

函数功能:求出相应数字的算术平方根。

使用格式:SQRT(number)。

参数说明:number 是要计算平方根的数。

例如,要求出 16 的平方根,就可以在单元格中输入" = SQRT(16)",即可得出答案 4。

2. POWER 函数

函数功能:底数按该指数次幂乘方。

使用格式:POWER(number,power)。

参数说明:number 是底数,可以为任意实数;power 是指数。

例如, 要求 5 的二次方,也就是平方,就可以在单元格内输入" = POWER(5,2)",即可得出答案 25。

特别说明:POWER 是乘幂函数,但可以反过来使用,变成求 N 次方根。它的使用格式是 POWER(number,1/power)。其中,number 是底数,可以为任意实数;power 是指数,底数按该指数次开方。例如,要求 8 的三次方根,就可以在单元格内输入" = POWER(8,1/3)",即可得出答案 2。

3.1.4 Excel 在水准测量数据成果处理中的应用实例

图 3 – 3 所示为附和水准路线等外水准测量示意图,BM.A、BM.B 为已知高程的水准点,$H_A = 72.536$ m,$H_B = 77.062$ m,1、2、3 为待定高程的水准点。

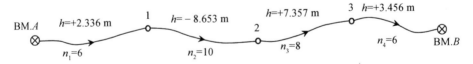

图 3 – 3   附和水准路线等外水准测量示意图

Excel 在水准测量数据成果处理中的具体应用如下。

（1）首先，设计图 3 - 4 所示的数据处理表格，将已知数据（已知点高程）和观测数据（观测高差、测站数）填入表格的相应位置，如图中阴影部分所示。

（2）然后，调用 Excel 函数对普通水准测量内业数据按照如下步骤进行处理。

① 对路线长和观测高差求和。在 B8 单元格中输入"=SUM(B4:B7)"后按回车，在 C8 单元格中输入"=SUM(C4:C7)"后按回车。

② 计算高差闭合差、闭合差允许值（mm）、单位高差改正数（m/ 站）。分别在 C9 单元格中输入"=C8 - (F7 - F3)"，在 C10 单元格中输入"=12 * POWER(B8,1/2)"或"12 * SQRT(B8)"，在 C11 单元格中输入"= - C9/B8"。

③ 求改正数（m）、改正后高差（m）。分别在单元格 D4 中输入"=B4 * \$C\$11"后按回车，然后用鼠标拉拽将公式复制到 D5 ~ D7；在单元格 E4 中输入公式"=C4 + D4"后按回车，然后将公式复制到 E5 ~ E7。

④ 求改正数（m）、改正后高差（m）的和。在单元格 D8、E8 中分别输入"=SUM(D4:D7)"和"=SUM(E4:E7)"。若改正数之和等于高差闭合差的相反数，则说明计算无误；若改正后的高差之和等于 $H_B - H_A$，则说明计算无误。

⑤ 求改正后的高程。在单元格 F4 至 F6 中分别输入"=F3 + E4""=F4 + E5"和"=F5 + E6"。若计算出的点 3 高程与 h_{3B} 的和等于 B 点的已知高程，则说明计算正确。

	A	B	C	D	E	F
1	普通水准测量成果处理表					
2	点名	测站数/站	观测高差/m	改正数/m	改正后高差/m	高程/m
3	起点BM.*A*	—	—	—	—	72.536
4	点1	6	2.336	0.006	2.342	80.564
5	点2	10	-8.653	0.010	-8.643	80.196
6	点3	8	7.357	0.008	7.365	79.491
7	终点BM.*B*	6	3.456	0.006	3.462	77.062
8	和	30	4.496	0.030	4.526	—
9	高差闭合差/m:		-0.03			
10	闭合差允许值/mm:		65.73			
11	每测站改正数/(m·站$^{-1}$):		-0.001			

图 3 - 4　普通水准测量成果处理

表格使用说明如下。

（1）使用时，首先将此页复制，然后在复制页上进行修改。先将带灰色底纹的字体项删除，再按实际数据进行填写。

（2）当中间点数多于或少于 3 个时，按实际点数在起点和终点之间插入行数，并注意检查计算公式是否正确。

（3）若"路线长"为"测站数"，则只要修改闭合差允许值公式，对于其他等级水准的成果处理也要修改允许值公式。

对于闭合水准路线，只需将起点和终点的高程输入同一个数据。

用 Excel 计算水准路线各点高程的这种方法在计算时只需输入观测高差和已知数据，即可快速得出各点平差后的高程，其效率高，人工干预少，且计算成果可直接打印，便于使用和保存，提供了极大的方便，具有非常好的实用价值。

3.2 Excel 在四等水准测量计算中的应用

3.2.1 四等水准测量的原理和计算

1. 四等水准测量的原理

本节以双面尺法为例，讲述四等四水准测量的观测原理及步骤。四水准测量方法是通过读取一对水准尺上的黑面和红面分划读数，根据前、后视尺的黑面读数计算出黑面高差，再根据前、后视尺的红面读数计算出红面高差，在观测成果合格的前提下，则取红、黑面高差的平均数为最终高差。

三、四等水准测量技术要求和限差要求分别见表 3 - 1 和表 3 - 2。

表 3 - 1   三、四等水准测量技术要求

等级	路线长度 /km	高差闭合差 /mm	
		平地	山地
三等	45	± 12	± 4
四等	15	± 20	± 6

表 3 - 2   三、四等水准测量限差要求

等级	标准视线长度 /m	前后视距差 /m	前后视距差累计 /m	黑红面读数差 /mm	黑红面所测高差之差 /mm	检测间歇点高差之差 /mm
三等	75	2.0	5.0	2.0	3.0	3.0
四等	100	5.0	10.0	3.0	5.0	5.0

四等水准测量的每一测站的观测程序如下。

① 瞄准后视点水准尺黑面分划 → 精平 → 读数。

② 瞄准前视点水准尺黑面分划 → 精平 → 读数。

③ 瞄准前视点水准尺红面分划 → 精平 → 读数。

④ 瞄准后视点水准尺红面分划 → 精平 → 读数。

上述观测顺序简称为"后 — 前 — 前 — 后"或"黑 — 黑 — 红 — 红"。

2. 测站计算与检核

（1）视距计算与检核（单位:m）。

① 后视距 = 后视（下丝读数 – 上丝读数）× 100。

② 前视距 = 前视（下丝读数 – 上丝读数）× 100。

③ 前、后视距差 = 后视距 – 前视距。

限差:四等应 ≤ ±5 m,三等应 ≤ ±2 m。

④ 前、后视视距累积差 = 上站前后视距累计差 + 本站前后视距差。

要求:四等应 ≤ ±10 m,三等应 ≤ ±5 m。

（2）水准尺读数检核。

① 后尺黑、红面读数差 = 黑面中丝读数 + 尺常数 K_1 – 红面中丝读数。

限差:四等应 ≤ ±3 mm,三等应 ≤ 2 mm。

② 前尺黑、红面读数差 = 黑面中丝读数 + 尺常数 K_2 – 红面中丝读数。

限差:四等应 ≤ ±3 mm,三等应 ≤ 2 mm。

（3）高差计算与检核。

① 黑面高差 = 后视黑面中丝读数 – 前视黑面中丝读数。

② 红面高差 = 后视红面中丝读数 – 前视红面中丝读数。

③ 红黑面高差之差 = 黑面高差 – ｛红面高差 ±0.1｝。

限差:四等应 ≤ ±5 mm,三等应 ≤ 3 mm。

④ 高差中数 = ｛黑面高差 + 红面高差 ±0.1｝/2。

测一站,算一站,算完满足限差要求后再搬站。

（4）每页记录计算检核（单位:m）。

① 高差检核 。

$$\sum（后视黑面中丝）- \sum（前视黑面中丝）= \sum（黑面高差）。$$

$$\sum（后视红面中丝）- \sum（前视红面中丝）= \sum（红面高差）。$$

$$\sum（黑面高差）+ \sum（红面高差）= 2\sum（高差中数）（偶数站）=$$

$$2\left[\sum（高差中数）±0.1\right]（奇数站）。$$

② 视距检核。

$$\sum (后视距) - \sum (前视距) = 末站的前、后视视距累积差。$$

3. 成果处理

水准测量成果处理是根据已知点高程和水准路线的观测高差,求出待定点的高程值。四等附合或闭合水准路线成果处理方法与普通水准测量相同。

3.2.2　相关函数

1. ABS 函数

函数功能:求出相应数字的绝对值。

使用格式:ABS(number)。

参数说明:number 代表需要求绝对值的数值或引用的单元格。

说明:如果 number 参数不是数值,而是一些字符(如 A 等),则 B2 中返回错误值"#VALUE!"。

2. AVERAGE 函数

函数功能:求出所有参数的算术平均值。

使用格式:AVERAGE(number1,number2,…)。

参数说明:number1,number2,… 为需要求平均值的数值或引用单元格(区域),参数不超过 30 个。

特别说明:如果引用区域中包含"0"值单元格,则计算在内;如果引用区域中包含空白或字符单元格,则不计算在内。

3. IF 函数

函数功能:根据对指定条件的逻辑判断的真假结果返回相对应的内容。

使用格式: IF(Logical,Value_if_true,Value_if_false)。

参数说明:Logical 代表逻辑判断表达式;Value_if_true 表示当判断条件为逻辑"真(TRUE)"时的显示内容,Logical_test 为 TRUE 而 Value_if_true 为空,则本参数返回 0(零)。如果要显示 TRUE,则请为本参数使用逻辑值 TRUE。Value_if_true 也可以是其他公式。Value_if_false 表示当判断条件为逻辑"假(FALSE)"时的显示内容, 如果 Logical_test 为 FALSE 且 忽略了 Value_if_false(即 Value_if_true 后没有逗号),则会返回逻辑值 FALSE。如果 Logical_test 为 FALSE 且 Value_if_false 为空(即 Value_if_true 后有逗号,并紧跟右括号),则本参数返回 0(零)。Value_if_false 也可以是其他公式。

特别说明:IF 函数可以依据所需的逻辑关系进行多重套用,方法是将关系层层剥离,用公式层层连接,巧用 AND 和 OR 搭桥。

3.2.3　Excel 在四等水准测量计算中的应用实例

Excel 在四等水准测量计算中的具体应用如下。

首先设计图 3 - 5 所示的表格。其中,(1)、(2) 和 (3) 分别代表后视尺黑面的下丝、上丝和中丝的读数;(4)、(5) 和 (6) 分别代表前视尺黑面的下丝、上丝和中丝的读数;(7)、(8) 分别代表后、前视尺红面中丝的读数;(9)、(10) 分别代表后视距和前视距;(11)、(12) 分别代表前后视距差和前后视距累计差;(13)、(14) 分别代表黑红两面读数差;(15)、(16) 和 (17) 分别代表黑、红面高差和黑红两面高差之差;(18) 代表黑红两面高差中数。

首先将观测的双面尺的下丝、上丝和中丝的读数分别填入设计表格中的相应位置,如图 3 - 5 中阴影部分所示,具体计算过程如下。

(1) 视距计算与检核。

① 前后视距的计算。 在 C14 单元格中输入公式“ = ABS(C13 - C12)＊100”,求出第一测站的后视距,并将该公式复制到 E14 单元格中,求出该测站的前视距,并利用该公式求出每一站的前后视距。

② 前后视距差和视距累计差的计算。在 C15 单元格中输入公式“ = C14 - E14”,求出第一测站的前后视距差,这也是该站的前后视距累计差。将该公式进行复制求出每一站的前后视距差,各测站的前后视距累计差等于前站的前后视距累计差与本站的前后视距差之和。

③ 检核。利用 SUM 函数分别在 D28、D29 单元格中求出每一站后视距 (9)、前视距 (10) 之和,那么 $\sum$ (9) - $\sum$ (10) 的值应该等于最后一站(本例中为第 4 站) 的前后视距累计差,说明计算无误。

(2) 水准尺黑红两面读数差的计算。

对于四等水准测量来说,黑红两面读数差不能超过 3 mm。在此,采用 IF 函数进行计算,在 K12 单元格中输入公式“ = IF(I12 = ″″,″″,IF((I12 - J12 + H12) > 0.003,″超限″,I12 - J12 + 4.787))＊1000”,求出第 1 站后视尺的黑红两面读数差,用鼠标拖拽复制公式求出该站前视尺的黑红两面读数差。将公式进行复制求出每一站前后视尺的黑红两面读数差。

(3) 高差的计算及检核。

① 黑红两面高差的计算。在 I14 单元格中输入公式“ = I12 - I13”,求出黑面高差,用鼠标拖拽复制公式求出红面高差,再将公式进行复制求出每一站黑红两面高差。

② 黑红两面高差之差的计算。对于四等水准测量来说,黑红两面高差之差不能超过 5 mm。在此,仍采用 IF 函数进行计算,在 K14 单元格中输入公式

四等水准测量计算表

测站编号	测点编号	后视 下丝 / 上丝 / 后距(9) / 视距差d	前视 下丝 / 上丝 / 前距(10) / Σd	尺序	K值	标尺读数 黑面	标尺读数 红面	K+黑-红 mm	高差中数 m	备注
观测日期:				天气:		成象:				
观测时间:				观测:		记录:			司尺:	第 页
		(1)	(4)			(3)	(8)	(14)		
		(2)	(5)			(6)	(7)	(13)	(18)	
		(9)	(10)			(15)	(16)	(17)		
		(11)	(12)							
1	BM.1	1.426	0.801	后	4.787	1.211	5.998	0	0.6250	
		0.995	0.371	前	4.687	0.586	5.273	0		
		43.1	43	后－前		0.625	0.725	0		
	TP.1	0.1	0.1							
2	TP.1	1.812	0.57	后	4.687	1.554	6.241	0	1.2435	
		1.296	0.052	前	4.787	0.311	5.097	1		
		51.6	51.8	后－前		1.243	1.144	-1		
	TP.2	-0.2	-0.1							
3	TP.2	0.889	1.713	后	4.787	0.698	5.486	-1	-0.8245	
		0.507	1.333	前	4.687	1.523	6.210	0		
		38.2	38	后－前		-0.825	-0.724	-1		
	TP.3	0.2	0.1							
4	TP.3	1.891	0.758	后	4.687	1.708	6.395	0	1.1340	
		1.525	0.39	前	4.787	0.574	5.361	0		
		36.6	36.8	后－前		1.134	1.034	0		
	BM.2	-0.2	-0.1							
检核	Σ(9)=	169.5	总视距		1/2*(Σ[(15)+(16)])=	4.356	总高差ΣΔh=		2.178	
	-Σ(10)=	169.6	Σ(9)=	169.5	Σ[(3)+(8)]=	29.291				
		-0.1	+Σ(10)=	169.6	-Σ[(6)+(7)]=	24.935				
	末站(12)=	-0.1	=	339.1		4.356				

图 3 - 5　四等水准测量计算

"= IF(I14 = "","",IF((K12 - K13) > 0.005,"超限",K12 - K13))",求出黑红两面高差之差。然后将公式进行复制,求出每一站黑红两面高差之差。

③高差中数的计算。在 L12 单元格中输入"= (IF(H12 = 4.787, - 0.1, 0.1) + I14 + J14)/2"。

④检核。利用 SUM 函数在 J28 单元格中求出每一站黑面高差(15)和红面高差(16)之和。同样,利用 SUM 函数分别在 J29、J30 单元格中求出后视尺的黑、红面读数之和($\sum$ [(3) + (8)])和前视尺的黑、红面读数之和($\sum$ [(6) + (7)]),在 J31

单元格中求出二者之差,如果其差值等于(15) + (16),则说明计算无误。在 L28 单元格中采用 SUM 函数求出所有站的高差中数,如果其值为 J28 或 J31 单元格中数值的 1/2,则说明计算正确。

　　上述步骤即制作四等水准测量记录手簿的全过程。该观测记录手簿具有直观、操作简易、重复使用等优点。野外作业时,记录员只要像常规水准测量那样在表格中输入观测值,手簿就能自动进行前后视距差、前后视距累积差、高差、高差中数、累积距离和累积高差的计算,并按规范要求判断观测值是否满足要求。当观测值不满足要求时,手簿能自动以中文提示作业员及时进行重测。水准路线测量完毕,改名保存即可。

3.3　练　习　题

　　1. 图 3 - 6 所示为一闭合水准路线等外水准测量示意图,BM. A 为已知高程的水准点,$H_A = 44.856$ m,各水准点之间的水平距离和观测高差已在图中注明,点 1 ~ 3 为待定高程的水准点。试根据题意自行设计表格,调用 Excel 函数并编辑公式计算高差闭合差及其允许值,对高差进行改正,求算每一待定点的高程。

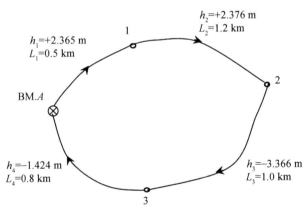

图 3 - 6　　闭合水准路线示意图

　　2. 图 3 - 7 所示为某一附合水准路线示意图,BM. A 和 BM. B 为已知高程的水准点,点 1 ~ 4 为待定高程的水准点。点 A 和点 B 的高程、各水准点之间的路线长度和观测高差已在图中注明。试根据题意自行设计表格,调用 Excel 函数并编辑公式计算高差闭合差及其允许值,对高差进行改正,求算每一待定点的高程。

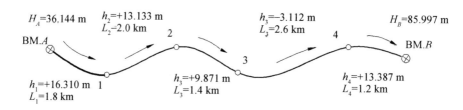

图 3 - 7　附合水准路线示意图

3. 设计表 3 - 3 中的表格,其中每一测站黑面的上、下、中丝读数及黑面中丝读数均已填入表中相应位置,试采用 Excel 函数并编辑公式完成表中四等水准测量记录表中相应项的计算及检核。

表 3 - 3　四等水准测量记录计算表

测站	水准点	后尺 上丝 下丝	前尺 上丝 下丝	尺号	水准尺读数		黑 + K - 红	平均高差
		后视距 视距差	前视距 ∑ 视距差		黑面	红面		
		(1) (2) (9) (11)	(4) (5) (10) (12)	后 前 后 - 前	(3) (6) (15)	(8) (7) (16)	(14) (13) (17)	(18)
1	BM. 2 | TP. 1	1 402 1 173	1 343 1 100	后 前 后 - 前	1 389 1 221	6 073 6 010		
2	TP. 1 | TP. 2	1 460 1 050	1 950 1 560	后 前 后 - 前	1 260 1 761	6 050 6 449		
3	TP. 2 | TP. 3	1 660 1 160	1 795 1 295	后 前 后 - 前	1 412 1 540	6 200 6 225		
4	TP. 3 | BM. 3	1 575 1 030	1 545 0 954	后 前 后 - 前	1 300 1 350	6 088 6 035		

续表3－3

测站	水准点	后尺	上丝	前尺	上丝	尺号	水准尺读数		黑＋K－红	平均高差
			下丝		下丝					
		后视距		前视距			黑面	红面		
		视距差		$\sum$ 视距差						
计算检核		$\sum(9)=$		$\sum(3)=$			$\sum(8)=$			
		$\sum(10)=$		$\sum(6)=$			$\sum(7)=$			
		$\sum(9)-\sum(10)=$		$\sum(15)=$			$\sum(16)=$			
		$\sum(9)+\sum(10)=$		$\sum(15)+\sum(16)=$			$2\sum(18)=$			

4. 如图 3－8 所示，BM.A 为已知高程的水准点，其高程 $H_A = 46.276$ m，1 点为待定高程的水准点，$h_{往}$ 和 $h_{返}$ 为往返测量的观测高差。往、返测的测站数共16 站，试根据题意自行设计表格，根据支水准路线的计算原理，调用 Excel 函数并编辑公式计算 1 点的高程。

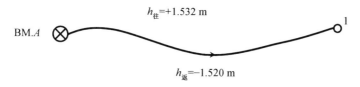

图 3－8　支水准路线示意图

5. 按图 3－9 所示进行支水准测量，已知 A 点高程为 417.251 m，观测数据均在图上注明，试根据题意调用 Excel 函数并编辑公式，完成表 3－4 中各栏计算并求 P 点高程。

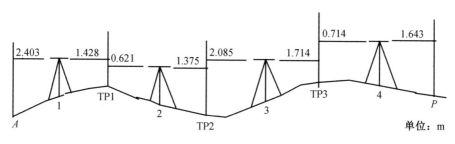

图 3－9　支水准测量

表3-4　支水准测量数据处理

测站	点号	后视读数	前视读数	高差	高程
1					
2					
3					
4					
检核计算					

6. 在表3-5中进行附合水准测量成果整理,计算高差改正数、改正后高差和高程。

表3-5　附合水准路线测量成果计算表

点号	路线长 L/km	观测高差 h_i/m	高差改正数 v_{h_i}/m	改正后高差 $\hat{h}_i$/m	高程 H/m	备注
BM.A					7.967	已知
	1.5	+ 4.362				
1						
	0.6	+ 2.413				
2						
	0.8	- 3.121				
3						
	1.0	+ 1.263				
4						
	1.2	+ 2.716				
5						
	1.6	- 3.715				
BM.B					11.819	已知
$\sum$						

$$f_h = \sum h_{测} - (H_B - H_A) = \qquad f_{h容} = \pm 40\sqrt{L} =$$

$$v_{1km} = -\frac{f_h}{\sum L} = \qquad\qquad \sum v_{h_i} =$$

7. 按图3-10所示进行四等水准测量,观测数据均在图上注明,试根据题意自行设计表格,调用 Excel 函数并编辑公式,完成四等水准测量的外业观测记录手簿的计算。

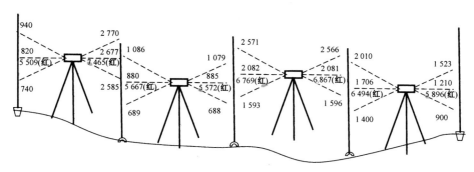

图 3 - 10　四等水准测量

8. 某施工区布设一条闭合水准路线,已知水准点为 BM_0,各线段的观测高差为 h_i,测站数为 n_i。现出 6 组数据列于表 3 - 6 中,请任选其中的一组,请根据题意自行设计表格,调用 Excel 函数并编辑公式,计算三个待定水准点 1、2、3、4 的高程。

表 3 - 6　各线段的观测高差

题号	已知点 /m	观测高差 /m				测段测站数			
	BM_0	h_1	h_2	h_3	h_4	n_1	n_2	n_3	n_4
1	44.313	1.224	-0.363	-0.714	-0.108	10	8	10	9
2	37.110	2.445	-0.456	-1.236	-0.740	3	4	8	5
3	18.226	1.236	2.366	-1.236	-2.345	8	10	5	9
4	44.756	2.366	4.569	-3.456	-3.458	10	12	4	8
5	56.770	0.236	4.231	1.170	-5.601	10	12	14	4
6	33.441	5.637	-1.236	-2.456	-1.921	4	9	8	7

9. 为修建公路施测了一条附合水准路线,BM_0 和 BM_4 为始、终已知水准点,h_i 为测段高差,L_i 为水准路线的测段长度。已知点的高程及各观测数据列于表 3 - 7 中,请根据题意自行设计表格,调用 Excel 函数并编辑公式,计算 1、2、3 这三个待定点的高程。

表 3 - 7　已知点的高程及各观测数据

已知点高程 /m		路线 i	1	2	3	4
BM_0	16.137	h_i /m	0.456	1.258	-4.569	-4.123
BM_4	9.121	L_i /m	2.4	4.4	2.1	4.7

第4章 Excel 在角度进制转换中的应用

角度是测量三要素之一，在测量外业中，角度通常是以六十进制的"度分秒"形式记录的。然而，在有些仪器设备（如计算器）或软件中，常常使用十进制的"度小数"或弧度形式的角度数据进行记录和计算。在 Excel 中，角度计算是以弧度为单位进行的，度小数还不能直接计算，因此在进行数据处理时，常常需要将以"度分秒"为单位的角度值转换成以"度"或"弧度"为单位的形式，这样就不可避免地出现"度分秒""度小数"和"弧度"之间相互换算的问题。本章将讲述在 Excel 中如何实现"度分秒""度小数"和"弧度"之间的相互换算，从而进行后续的计算和处理。

4.1 相 关 函 数

1. TEXT 函数

函数功能：根据指定的数值格式将相应的数字转换为文本形式。

使用格式：TEXT(value, format_text)。

参数说明：value 代表需要转换的数值或所在的单元格；format_text 为指定文字形式的数字格式。

应用举例：如果 A1 单元格中保存有数值 1 100.23，则在 B1 单元格中输入公式"= TEXT(A1," $ 0.00")"，确认后显示为" $ 1 100.23"。

特别提醒：format_text 参数可以根据"单元格格式"对话框"数字"标签中的类型进行确定。

2. SUBSTITUTE 函数

函数功能：在文本字符串中用 new_text 替代 old_text。也可以根据需要在某一文本字符串中替换指定的文本，请使用函数 SUBSTITUTE。

使用格式：SUBSTITUTE(text, old_text, new_text, [instance_num])。

参数说明：text 为需要替换的字符中的文本，或是对文本字符串所在的单元格；old_text 为需要替换的旧文本；new_text 用于替换 old_text 的新文本；instance_num 为一数值，用来指定以 new_text 替换第几次出现的 old_text。如果指定 instance_num，则只有满足要求的 old_text 被替换；如果缺省，则用

new_text 替换 TEXT 中出现的所有 old_text。

应用举例:在测量中,等级控制点的坐标一般是要保密的,这时就可以采用该函数对控制点的后几位坐标进行屏蔽处理。如图 4 – 1 所示,若要对 Y 坐标后四位以"＊＊＊＊"的形式进行屏蔽,则可在 B2 单元格中输入公式"= SUBSTITUTE(A2,RIGHT(A2,4),"＊＊＊＊")",即可实现屏蔽功能。

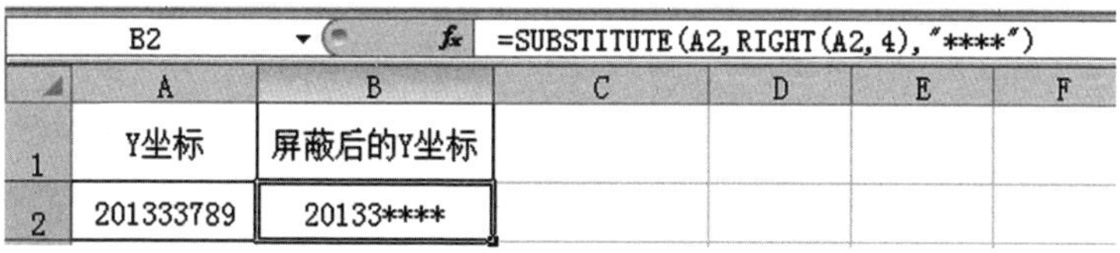

B2		▼	*fx*	=SUBSTITUTE(A2,RIGHT(A2,4),"****")		
	A	B	C	D	E	F
1	Y坐标	屏蔽后的Y坐标				
2	201333789	20133****				

图 4 – 1　SUBSTITUTE 函数应用举例

3. TRUNC 函数

函数功能:对数字的小数部分进行截断处理,返回整数。

使用格式:TRUNC(number,[num_digits])。

参数说明:number 为必需参数,表示需要四舍五入的数字或其所在的单元格;num_digits 为必需参数,表示四舍五入的位数。

应用举例:如图 4 – 2 所示,若 A1 单元格中保存有角度值 33.55,则在 B1 单元格中输入公式"= TRUNC (A1,1)",确认后显示为 33;在 C1 单元格中输入公式"= TRUNC (A1,1)",确认后显示为 33.5。

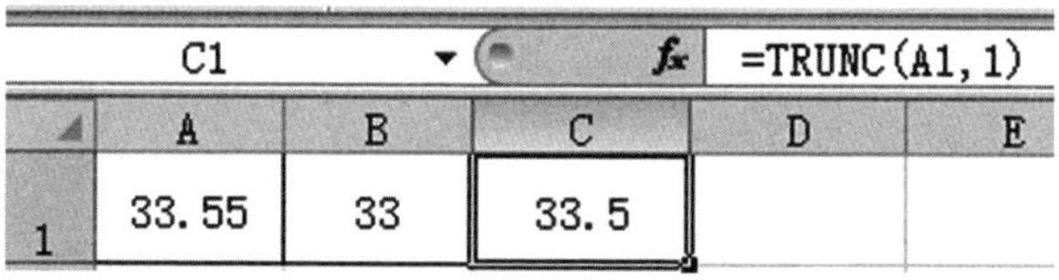

C1		▼	*fx*	=TRUNC(A1,1)	
	A	B	C	D	E
1	33.55	33	33.5		

图 4 – 2　TRUNC 函数应用举例

4. INT 函数

函数功能:将数字向下取整,舍入到最接近的整数。

使用格式:INT (number)。

参数说明:number 为必需参数,表示需要向下舍入取整的实数或其所在的单元格。

应用举例:如图 4 – 3 所示,若 A1 单元格中保存有角度值 33.55,则在 B1 单元格中输入公式"= INT (A1)",确认后显示为 33。

说明:TRUNC 函数和 INT 函数的相同点在于计算结果都返回整数。TRUNC 函数是删除数字的小数部分,INT 函数则根据数字的小数部分将该数字向下取整。当数字为正数或零时,二者的运算结果完全相同;当数字为负数

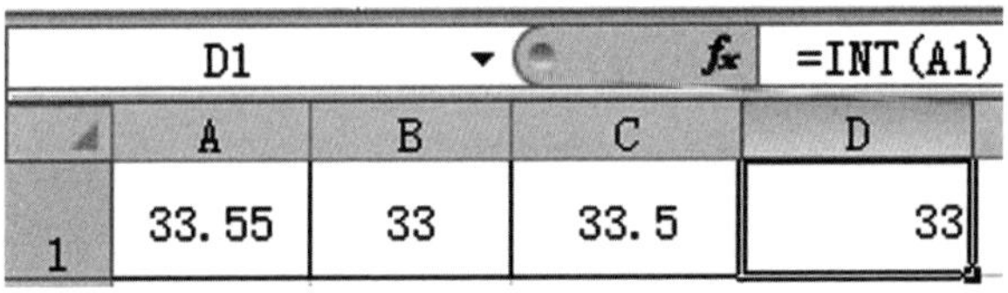

图 4 - 3   INT 函数应用举例

时,INT 函数和 TRUNC 函数的运算结果才会所有区别,如图 4 - 4 所示。A1 单元格中保存有数值 - 2.3,在 B1 和 C1 单元格中分别输入函数"TRUNC(A1)"和"INT(A1)",返回的值分别为 - 2 和 - 3。

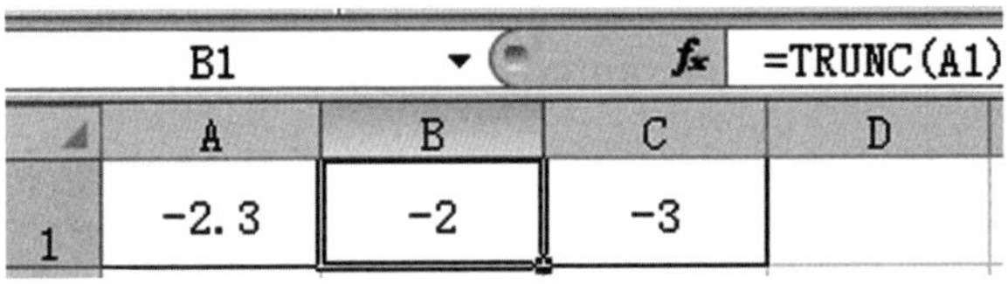

图 4 - 4   TRUNC 函数和 INT 函数区别

5. ROUND 函数

函数功能:将数字按指定的位数进行四舍五入。

使用格式:ROUND (number,num_digits)。

参数说明:number 为必需参数,表示需要向下舍入取整的实数或其所在的单元格。

应用举例:如果 num_digits 大于 0,则表示将数字按指定的小数位数进行四舍五入至相应的位数;如果 num_digits 等于 0,则表示将数字四舍五入至最接近该数值的整数;如果 num_digits 小于 0,则将数字按指定的小数位数对小数点左边的位数进行四舍五入。如图 4 - 5 所示,如 A1 单元格中保存有角度值 33.55,则在 B1 单元格中输入公式"= ROUND (A1,1)",确认后显示为 33.6;在 C1 单元格中输入公式"= ROUND (A1,0)",确认后显示为 34;在 D1 单元格中输入公式"= ROUND (A1, - 1)",确认后显示为 30。

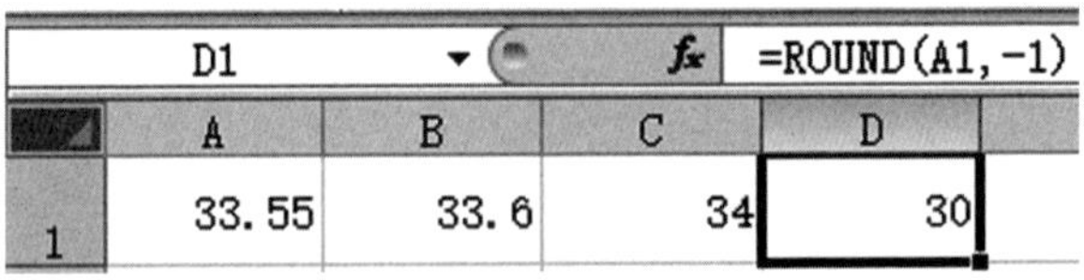

图 4 - 5   ROUND 函数应用举例

6. RADIANS 函数

函数功能:将十进制角度转换成弧度。

使用格式:RADIANS(angle)。

参数说明:angle 表示要转换为弧度的角度值。

7. DEGREES 函数

函数功能:将弧度转换成十进制角度。

使用格式:DEGREES(angle)。

参数说明:angle 表示以弧度为单位的角值。

8. PI 函数

函数功能:返回圆周率 3.141 592 653 589 79 的值,精确到 15 位,不需要参数。

使用格式:PI( )

参数说明:无须参数。

4.2　Excel 在"度分秒"与"度小数"之间相互转换中的应用

外业观测的角度通常是以"度分秒"形式存在的,该格式角度不便于进行处理,需将其转换成以度为单位形式的角值(即度小数)。例如,若实际采集的角度分别为33°33′00″和120°21′00″,则度分秒和度小数相互转化的方法有以下几种。

1. 采用时间格式的形式进行处理

具体步骤如下。

(1)首先设计图 4 – 6 所示的表格,将观测角度33°33′00″以度、分、秒分别占一单元格的形式输入至 A1、B1、C1 中,如图中阴影部分所示,在 D1 单元格中输入公式"= A3 + B3/60 + C3/3600",将其转化为"度小数"的形式。

(2)如图 4 – 6 所示,若要将 D1 单元格中"度小数"形式的角度33.55°换算成"度分秒"形式的角值,则只需在 B1 单元格中输入公式"= A1/24",并设置 E1 单元格格式为自定义,类型为"[h]°mm′ss″"即可。

(3)若要将其换算回度小数的形式,则只需在 F1 单元格中输入"= B1 * 24",并设置 C1 单元格格式为自定义,类型为"G/ 通用格式 ″°″"即可。

2. 利用文本函数实现

(1)如图 4 – 6 所示,将观测角度120°21′00″以度、分、秒分别占一单元格的形式将其分别放入 A2、B2 和 C2 单元格中,在 D2 单元格中输入公式"= A3 +

	A	B	C	D	E	F
1	度分秒和度小数之间的相互转换					
2	度分秒/（°′ ″）			度/（°）	度分秒	度/（°）
3	33	33	0	33.55	33°33'00″	33.55°
4	120	21	0	120.35	120°21'00″	120.35

图 4 - 6　度分秒与度小数之间的相互转化

B3/60 +C3/3600",将其转化为度小数的形式。

（2）如图 4 - 6 所示,若要将 D2 单元格中的"度小数"形式的角度 120.35°换算成"度分秒"形式的角度,则只需在 E2 单元格中输入公式" = TEXT(A2/24,"[h]°mm′ss″")"。

（3）如图 4 - 6 所示,若要将其换算回"度小数"的形式,则只需在 F2 单元格中输入公式" = SUBSTITUTE(SUBSTITUTE(SUBSTITUTE(B2,"°",":"),"′",":"),"″",) ∗ 24" 即可。

3. 利用常规算术法进行处理

首先设计图4 - 7所示的表格,当将所测角值输入到Excel表中时,常常以"度分秒"为单位进行输入,输入数值的单位并不是度。如图 4 - 7 所示,首先将 A3 单元格的格式改为00°00′00″,然后在其中输入 323300,回车后显示为32°33′00″。若要将以"度分秒"为单位的角度 32.33° 转换成以"度小数"为单位的形式,则只需在 B3 单元格中输入公式" = INT(A3/10000) + (INT(A3/100) - INT(A3/10000) ∗ 100)/60 + (A3 - INT(A3/100) ∗ 100)/ 3600"。若要将其换算回"度小数"的形式,则只需在 C2 单元格中输入公式" = INT(ROUND(B3,6))&"°"&INT(ROUND((B3 - INT(B3)) ∗ 60,6))&"′"&ROUND ((((B3 - INT(B3)) ∗ 60 - INT(ROUND((B3 - INT(B3)) ∗ 60,6))) ∗ 60) ,0)&"″" 即可。

	A	B	C
1	度分秒和度小数之间的相互转换		
2	度分秒	度/（°）	度分秒
3	32°33'00″	32.55	32°33'0″

图 4 - 7　度分秒与度小数之间的相互转化实例

4.3　Excel 在"度小数"与弧度之间
相互转换中的应用

在上节中介绍了如何将"度分秒"形式的角度转换成以"度"为单位的角值(即度小数),但在 Excel 中,角度是以弧度为单位进行处理的,所以需要将"度小数"形式的角度转化为弧度形式。其方法有二,具体步骤如下。

1. 方法一:采用 RADIANS 和 DEGREES 函数进行实现

现以 4.2 节中转换为"度小数"形式的两个角度为例,如图 4 – 8 中的阴影部分所示,若要将 A3 中的"度小数"化成弧度,可直接在 B3 中输入"= RADIANS(A3)"。若要将其换算回"度小数"的形式,可直接在 C3 单元格中输入"= DEGREES(B3)"。

	A	B	C
1	\multicolumn{3}{c}{度小数和弧度之间的相互转换}		
2	度/(°)	弧度/rad	度/(°)
3	33.55	0.586	33.55
4	120.35	2.101	120.35

图 4 – 8　度小数与弧度之间的相互转换

2. 方法二:采用 PI( ) 函数进行实现

若要将 A4 中的 120.35° 化成弧度,也可在 B4 中输入公式"= A4 * PI( )/180",即可将其转换成弧度。若要将其换算回"度小数"的形式,直接在 C3 单元格中输入公式"= B4 * 180/PI( )"即可实现。

4.4　Excel 在"度分秒"与弧度之间相互转换中的应用

前两节探讨了"度分秒"与"度小数"之间、"度小数"与弧度之间的相互转换问题,那么"度分秒"与弧度之间能不能相互转化呢? 本节就一起来学习和探讨。现仍然以 4.2 节中的两个角度 33°33′00″ 和 120°21′00″ 为例,二者相互方法有以下几种,具体步骤如下。

1. 方法一

分别将角值度33°33′00″中的度、分、秒值放入三个单元格 A3、B3、C3 中,如图 4 - 9 阴影部分所示,在单元格 D3 中输入公式"= RADIANS(A3 + B3/60 + C4/3600)",即可实现度分秒和弧度之间的转化。若要将弧度换算回度分秒,可在目标单元格 E3 中输入公式"= TEXT(DEGREES(D3)/ 24,″[h]°mm′ss″″)"。

	A	B	C	D	E
1	度分秒与弧度之间的相互转换				
2	度分秒/(° ′ ″)			弧度/rad	度分秒
3	33	33	0	0.586	33°33′00″
4	120°21′00″			2.101	120°21′00″
5	180°01′00″			3.142	180°01′00″

图 4 - 9 度分秒与弧度之间的相互转换

2. 方法二

首先设置 120°21′00″所在单元格 A4 的格式为自定义格式"###°## ′## ″"或"00°00′00″",然后输入1202100,在 A4 单元格中即可显示120°21′00″。然后在转换结果的单元格 D4 中输入"=(RADIANS(INT(A4/10000) + (INT(A4/100 - INT(A4/10000) * 100)/ 60 + (A4 - INT(A4/100) * 100)/3600))",即可将120°21′00″转化为弧度形式。若要将弧度换算回"度分秒"形式,则其步骤与方法一相同。

3. 方法三

首先设置120°21′00″所在单元格 A5 的格式为自定义格式[h] ″°″mm ″′″ ss ″″″,然后输入 180:00:00,在 A5 单元格中即可显示180°00′00″。然后,在转换结果的单元格 D4 中输入" = RADIANS(SUBSTITUTE (SUBSTITUTE (SUBSTITUTE(A5,″°″,″:″),″′″,″:″),″″″,″:″)*24)",即可将180°00′00″转化为弧度形式。若要将弧度换算回"度分秒"形式,则在 E5 单元格中输入公式" = DEGREES(D5)/24",然后将单元格格式设置为自定义格式[h] ″°″mm ″′″ ss ″″″,即可完成转换。

4.5　Excel 角度进制在角度测量中的应用

4.5.1　水平角测量和计算的原理

角度测量是确定地面点位的基本测量工作之一,包括水平角测量和竖直角测量。

1. 水平角测量原理

水平角就是相交的两直线之间的夹角在水平面上的投影,角值范围为 $0° \sim 360°$。水平角测量原理如图 4 – 10 所示,$\angle AOC$ 为直线 OA 与 OC 之间的夹角,测量中所要观测的水平角是 $\angle AOC$ 在水平面上的投影,即 $\angle A_1B_1C_1$,而不是斜面上的 $\angle AOC$。

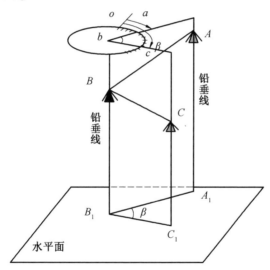

图 4 – 10　水平角测量原理

由图 4 – 10 可知,$\angle A_1B_1C_1$ 就是通过 OA 与 OC 的两竖直面形成的两面角。此两面角在两竖面交线 OB_1 上任意一点均可进行量测。设想在竖线 OB_1 上的 O 点放置一个按顺时针注记的全圆量角器(称为度盘),使其中心正好在 OB_1 竖线上,并成水平位置。从 OA 竖面与度盘的交线得一读数 a,再从 OC 竖面与度盘的交线得另一读数 b,则 $b-a$ 就是圆心角 β,即 $\beta = b-a$ 这个 β 就是水平角 $\angle A_1B_1C_1$ 的值。

2. 水平角观测

在角度观测中，为消除仪器的某些误差，需要用盘左和盘右两个位置进行观测。盘左又称正镜，就是观测者对着望远镜的目镜时，竖盘在望远镜的左边；盘右又称倒镜，是指观测者对着望远镜的目镜时，竖盘在望远镜的右边。

常用的水平角观测方法有测回法和方向观测法两种。当测站上有三个以上观测方向时，需要用方向观测法观测水平方向值。

（1）测回法

测回法如图 4 – 11 所示，在测站点 B，需要测出 BA 与 BC 两方向间的水平角 β，在 B 点安置经纬仪后，按下列照准顺序进行观测。

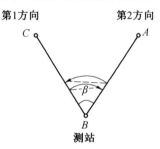

图 4 – 11   测回法

① 盘左位置瞄准左目标 C，得读数 $c_{左}$。

② 松开照准部制动螺旋，顺时针方向转动照准部，瞄准右目标 A，得读数 $a_{左}$，则盘左位置所得半测回角值为

$$\beta_{左} = a_{左} - c_{左}$$

③ 倒转望远镜成盘右位置，瞄准目标 A，得读数 $a_{右}$。

④ 逆时针方向转动照准部，瞄准左目标 C，得读数 $c_{右}$，则盘右半测回角值为

$$\beta_{右} = a_{右} - c_{右}$$

在盘左、盘右两个位置观测水平角，可以抵消部分仪器误差对测角的影响，同时可检核观测过程中有无错误。盘左瞄准目标称为正镜，盘右瞄准目标称为倒镜。

对于 J6 级光学经纬仪，如果 $\beta_{左}$ 与 $\beta_{右}$ 的差数不大于 40″，则取盘左、盘右角的平均值作为测回观测结果，即

$$\beta = \frac{1}{2}(\beta_{左} + \beta_{右}) \tag{4.1}$$

（2）方向观测法。

设在图 4 – 12 所示的测站 O 上观测 O 到 A、B、C、D 各方向之间的水平角，用

方向观测法的操作步骤如下。

①盘左观测。将度盘配置在 $0°00'$ 或稍大的读数处(其目的是便于计算),先观测所选定的起始方向(又称零方向) A,再按顺时针方向依次观测 B、C、D 各方向。每观测一个方向均读取水平度盘读数,并记入观测手簿。如果方向数超过三个,最后还要回到起始方向 A,读数并记录。这一步骤称为"归零",其目的是检查水平度盘的位置在观测过程中是否发生变动。上述全部工作称为盘左半测回或上半测回。

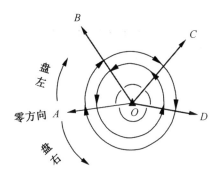

图 4 - 12　方向观测法

②盘右观测。倒转望远镜,用盘右位置按逆时针方向依次照准 A、D、C、B、A,读数并记录。此为盘右半测回或下半测回。

上、下半测回合起来为一测回。

由于半测回中零方向有前、后两次读数,因此两次读数之差称为半测回归零差。若不超过限差规定,则取平均值记于相应栏目中。

为便于以后的计算和比较,要把起始方向值改化成 $0°00'00''$,记载的半测回方向值中,是把原来的方向值减去起始方向 A 的两次读数平均值算得的。

取同一方向两个半测回归零后方向的平均值,即得一测回平均方向值。若观测了多个测回,则还需计算各测回同一方向归零后方向值之差,称为各测回方向差。该差值若在规定的限差内,则取各测回同一方向的方向值的平均值为该方向的各测回平均方向值。

所需要的水平角可以用有关的两个方向观测值相减得到。

在使用 J2 等高精度经纬仪观测时,照准每一个目标后,测微器两次重合读数之差若小于限差规定,则取其平均数作为一个盘位的方向观测值。

每半测回观测完毕,应立即计算归零差,并检查是否超限。

用 J2 等高精度经纬仪观测时,还需计算 $2C$ 值(J6 仪器观测时不需此项计算),计算公式为

$$2C = L - (R \pm 180°) \tag{4.2}$$

式中,*L* 为盘左读数;*R* 为盘右读数; ±180° 为顾及同一方向的盘右读数与盘左读数相差 180°。

2*C* 值也是观测成果中一个有限差规定的项目,但它不是以 2*C* 的绝对值的大小作为是否超限的检查标准,而是以各个方向的 2*C* 的变化值(即最大值与最小值之差)作为是否超限的检查标准。

如果 2*C* 的变化值没有超限,则对每一个方向取盘左、盘右读数的平均值,记入相应方向的(*L* + *R* ±180°)栏内。

方向观测法的各项限差要求见表 4 − 1。

表 4 − 1   方向观测法的各项限差要求

经纬仪器型号	半测回归零差 /(″)	一测回 2*C* 较差 /(″)	同一方向各测回较差 /(″)
J1	6	9	6
J2	8	13	9
J6	18	—	24

4.5.2   竖直角测量和计算的原理

1.竖直角测量原理

竖直角是同一竖直面内目标方向与特定方向之间的夹角。目标方向与水平方向间的夹角称为高度角,又称垂直角,一般用 α 表示。视线上倾所构成的仰角为正,视线下倾所构成的俯角为负,角值在 0° ~ 90° 范围内。目标方向与天顶方向(即铅垂线的反方向)所构成的角称为天顶距,一般用 *Z* 表示,天顶距的大小在 0° ~ 180° 范围内,无负值。竖直角测量原理如图 4 − 13 所示。

2.竖直角的观测

根据竖直角的基本概念,测定竖直角必然也与观测水平角一样,其角值也是度盘上两个方向读数之差。所不同的是,两方向中必须有一个是水平方向。不过,任何注记形式的竖直度盘(简称竖盘),当视线水平时,其竖盘读数应为定值,正常状态时应是 90° 的整倍数。因此,在测定竖直角时,只需对视线指向的目标点读取竖盘读数,即可计算出竖直角。

在三角高程测量和斜距化为平距的计算中都要用到竖直角。

(1)竖直角(高度角)的计算。

竖盘注记形式有顺时针方向和逆时针方向两种。注记形式不同,由竖盘读数计算竖直角的公式也不同,但其基本原理是一样的。

竖直角是在同一竖直面内目标方向与水平方向间的夹角。因此,要测定竖

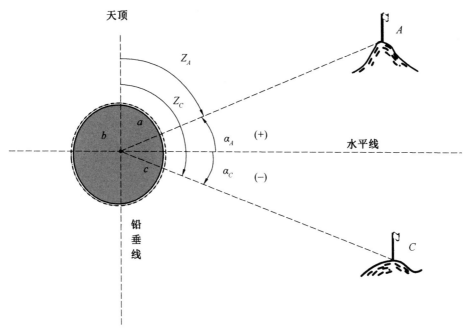

图 4 – 13   竖直角测量原理

直角,必然与观测水平角一样,也是两个方向读数之差。不过任何注记形式的竖盘,当视线水平时,无论是盘左还是盘右,其读数都是一个定值,正常状态应该是 90° 的倍数。因此,测定竖直角时只需计算竖直角的公式无非是两个方向读数之差,要注意的是哪个读数减哪个读数,以及视线水平时的读数为多少。

以仰角为例,只需先将望远镜放在大致水平位置观察竖盘读数,然后使望远镜逐渐上倾,观察读数是增加还是减少,即可得出竖直角计算的一般公式

①当望远镜视线上倾,竖盘读数增加时,竖直角 α = 瞄准目标时竖盘读数 – 视线水平时竖盘读数。

②当望远镜视线上倾,竖盘读数减少时,竖直角 α = 视线水平时竖盘读数 – 瞄准目标时竖盘读数。

现以 J6 光学经纬仪的竖盘注记(顺时针方向)形式为例,由图 4 – 14 可知盘左、盘右视线水平时竖盘读数,当望远镜视线上倾,盘左时,读数 L 减少;盘右时,读数 R 增加。根据上述一般公式可得到这种竖盘的竖直角计算公式为

$$\begin{cases} \alpha_{左} = 90° - L \\ \alpha_{右} = R - 270° \end{cases} \tag{4.3}$$

$$\begin{cases} Z_{左} = 180° - L \\ Z_{右} = R - 180° \end{cases} \tag{4.4}$$

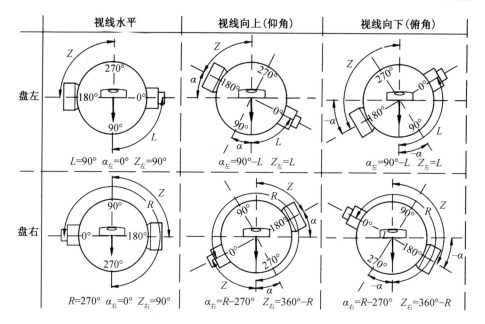

图 4 – 14　竖直角计算

将盘左、盘右观测得到的竖直角 $\alpha_{左}$ 和 $\alpha_{右}$ 取平均值，即得竖直角 α 为

$$\alpha = \frac{1}{2}(\alpha_{左} + \alpha_{右}) = \frac{1}{2}\left[(R - L) - 180°\right] \qquad (4.5)$$

由上式计算出的值为"+"时，α 为仰角；为"–"时，α 为俯角。

（2）竖盘指标差。

在推导竖直角计算公式时，认为当视线水平竖盘指标水准管气泡居中时，其读数是 90° 的整倍数。但实际上这个条件有时是不满足的。这是因为竖盘指标偏离了正确位置，使视线水平时的竖盘读数大了或小了一个数值 x，称这个偏离值 x 为竖盘指标差，其公式为

$$x = \frac{1}{2}\left[360° - (R + L)\right] \qquad (4.6)$$

（3）中丝法观测竖直角。

测竖直角时仅用十字丝的中丝照准目标，观测步骤如下。

① 在测站上安置仪器，对中、整平。

② 盘左位置瞄准目标，使十字丝的中丝切目标于某一位置（若为标尺，则读出中丝在尺上的读数；若照准的是觇标上某个位置，则应量取该中丝所截位置至地面点的高度，这就是目标高）。

③ 转动竖盘指标水准管微动螺旋，使竖盘指标水准管气泡居中，读取竖盘读数 L。

④ 盘右位置照准目标同一部位,步骤同 ②③,读取竖盘读数 R。

4.5.3　Excel 在角度测量计算中的应用

1. Excel 在测回法水平角测量计算中的应用

在测站点 A 对目标 1、2 采用测回法进行了两个测回的观测,水平角方向值如图 4 - 15 中阴影部分所示。Excel 在测回法水平角计算中的具体过程如下。

(1)首先设计图 4 - 15 所示的表格,将上述观测数据填入表格相应位置,如图中阴影部分所示,并将该部分的单元格格式设置为"00°00′00″"。

(2)为便于计算,首先将"度分秒"形式的水平度盘读数转换为"度小数"形式,在 D3 单元格中输入公式" = INT(C3/10000) + (INT(C3/100) − INT(C3/10000) ∗ 100)/60 + (C3 − INT(C3/100) ∗ 100)/3600"即可完成上述转换,然后将公式进行复制,完成 D4:D10 单元格区域的计算。

(3)半测回角值的计算。在 E3 单元格中输入公式" = D4 − D3",计算出第一测回盘左上半测回的角值,采用同样的方法计算出第一测回盘右下半测回和第二测回两个半测回的角值。

	A	B	C	D	E	F	G
1	测回法水平角观测记录计算表						
2	测站	目标	水平读盘读数	水平读盘读数 /(°)	半测回角值 /(°)	一测回角值 /(°)	两测回角值
3	A	1	00°05′36″	0.09	75.45	75.46	75°27′15″
4		2	75°32′48″	75.55			
5		1	180°05′24″	180.09	75.46		
6		2	255°33′06″	255.55			
7	A	1	90°00′30″	90.01	75.45	75.45	
8		2	165°27′24″	165.46			
9		1	270°00′18″	270.01	75.45		
10		2	345°27′30″	345.46			

图 4 - 15　测回法水平角计算

(4)一测回角值的计算。检查上下半测回角值之差是否超限,在不超限的情况下,在 F3 单元格中输入公式" = AVERAGE(E3:E6)",计算出第一测回的角值,采用同样的方法计算出第二测回的角值。

(5)两测回角值的计算。在确保两个测回的角值之差不超限的情况下,在 G3 单元格中输入" = AVERAGE(F3:F7)/24",并将单元格的格式设置为"[h]°mm′ss″"即可。

2. Excel 在方向观测法水平角测量计算中的应用

在测站点 A 分别对目标 A、B、C、D 采用方向观测法进行了两个测回的观测,水平角方向值如图 4 - 16 中阴影部分所示。Excel 在方向法水平角计算中的具体过程如下。

(1) 首先设计图 4 - 16 所示的表格,将观测数据所存放的单元格区域的格式设置为"[h]°mm′ss″",并以##:##:##的输入方式将观测数据输入至该区域,如图 4 - 16 中阴影部分所示。

(2) 为便于计算,首先将"度分秒"形式的水平度盘读数转换为"度小数"形式,在 E5 单元格中输入公式" = SUBSTITUTE(SUBSTITUTE(SUBSTITUTE(C5, ″°″, ″ : ″), ″′″, ″ : ″), ″″″,) * 24"即可完成上述转换,然后将公式进行复制,完成盘左盘右水平度盘读数格式的转换。

(3)2C 值的计算。在 G5 单元格中输入公式" = (E5 - IF(F5 > 180, F5 - 180, F5 + 180)) * 3600",计算出目标 A 观测的 2C 值,并检查是否超限,采用同样的方法计算出其余三个目标的 2C 值。

全圆观测记录计算表									
测回数	目标	水平度盘读数		水平度盘读数/(°)		2C=L -(R±180°)	盘左盘右平均读数/(°)	归零方向值/(°)	各测回归零方向值
		盘左	盘右	盘左	盘右	/(″)			
							0.035		
1	A	0°02′06″	180°02′00″	0.035	180.033	6	0.034	0.000	
	B	51°15′42″	231°15′30″	51.262	231.258	12	51.260	51.225	
	C	131°54′12″	311°54′00″	131.903	311.900	12	131.902	131.867	
	D	182°02′24″	2°02′24″	182.040	2.040	0	182.040	182.005	
	A	0°02′12″	180°02′06″	0.037	180.035	6	0.036		
							90.059		
2	A	90°03′30″	270°03′24″	90.058	270.057	6	90.057	0.000	0°00′00″
	B	141°17′00″	321°16′54″	141.283	321.282	6	141.283	51.224	51°13′28″
	C	221°55′42″	41°55′30″	221.928	41.925	12	221.927	131.868	131°52′02″
	D	272°04′00″	92°03′54″	272.067	92.065	6	272.066	182.007	182°00′22″
	A	90°03′36″	270°03′36″	90.060	270.060		90.060		

图 4 - 16　全圆观测法水平角计算

(4) 平均读数的计算。在 H5 单元格中输入公式" = (E5 + IF(F5 > 180, F5 - 180, F5 + 180))/2",计算出目标一测回盘左盘右的平均读数,采用同样的方法计算出其余三个目标一测回盘左盘右的平均读数。

(5) 半测回归零差的判断和起始方向 A 平均读数的计算。半测回中零方向有前、后两次读数,两次读数之差称为半测回归零差。若不超过限差规定,则取平均值记于相应单元格中。在 H4 单元格中输入公式" = IF(ABS(H5 - H9) * 3600 < 18, AVERAGE(H5, H9), ″超限″)",计算出第一测回起始方向 A

的平均读数,将公式进行复制,求出第二测回起始方向 A 的平均读数。

(6)归零方向值的计算。为便于以后的计算和比较,需要把起始方向均值改化成0°00′00″,在 I5 单元格中输入公式"= H4 − $ H $ 4"即可。利用 Excel 自动完成功能复制公式,原来的方向值减去起始方向 A 的两次读数平均值,得到两个测回其他方向归零方向值的计算。

(7)各测回归零方向值的计算。取同一方向两个半测回归零后方向的平均值,即得一测回平均方向值。由于本次观测量两个测绘,因此还需判断各测回方向是否在规定的限差内。若合限,则取各测回同一方向的方向值的平均值为该方向的各测回平均方向值。在 J11 单元格输入公式"= IF(ABS(I5 − I11)∗3600 < 24,TEXT(AVERAGE(I5,I11)/24,″[h]°mm′ss″″),″超限″)",计算出各方向各测回平均方向值,并将其转换为"度分秒"的形式,便于观察。

3. Excel 在中丝法竖直角观测计算中的应用

在测站点 A 分别对目标 A、B、C 采用中丝法进行了一个测回观测,竖直角方向值如图4 − 17 中阴影部分所示。Excel 在竖直角计算中的具体过程如下。

测站	目标	竖盘位置	竖盘读数	竖盘读数/(°)	半测回竖直角/(°)	两倍指标差/(°)	一测回竖直角	计算公式
	A	左	74°23′40″	74.39	15.61			
		右	285°36′32″	285.61	15.61	12.00	15°36′26″	$\alpha_左=90°-L$
1	B	左	60°41′16″	60.69	29.31			$\alpha_右=R-270°$
		右	299°18′54″	299.32	29.32	10.00	29°18′49″	
	C	左	83°31′10″	83.52	6.48			
		右	276°28′59″	276.48	6.48	9.00	6°28′54″	

中丝法竖直角观测记录计算表

图4 − 17 中丝法竖直角计算

(1)首先设计图4 − 17 所示的表格,将观测数据所存放的单元格区域的格式设置为"00°00′00″",并以 ###### 的输入方式将观测数据输入至该区域,如图中阴影部分所示。

(2)为便于计算,首先将"度分秒"形式的水平度盘读数转换为"度小数"形式,在 E3 单元格中输入公式"= INT(D3/10000) + (INT(D3/100) − INT(D3/10000)∗100)/60 + (D3 − INT(D3/100)∗100)/3600"即可完成上述转换,然后将公式进行复制,完成各个目标盘左盘右水平度盘读数格式的转换。

(3)半测回竖直角的计算。根据竖直角的计算公式,在 F3、F4 单元格中分别输入公式"=90－E3"和"270－E4",分别计算出目标 A 盘左盘右半测回的竖直角,采用同样的方法计算出目标 *B*、*C* 盘左盘右半测回的竖直角;

(4)2 倍竖盘指标差的计算。根据竖盘指标差的计算公式即式(4.5),在 G4 单元格中分别输入公式"=(E3＋E4－360)＊3600",计算出观测目标 *A* 时的 2 倍指标差,采用同样的方法在 G6、G8 单元格中分别计算出观测目标 *B*、*C* 时的 2 倍指标差。

(5)一测回竖直角的计算。根据一测回竖直角的计算公式,在 H4 单元格中分别输入公式"=AVERAGE(F3:F4)/24",并将单元格格式改为"[h]°mm′ss″"的形式,计算出目标 A 时的一测回竖直角,并将其转换为"度分秒"的形式,便于观察。采用同样的方法在 H6、H8 单元格中分别计算出目标 *B*、*C* 时的一测回竖直角。

4.6 练 习 题

1. 将 105°02′35″ 转换为"度小数"形式的角值,并将其再转换回度分秒形式的角值。试根据题意自行设计表格,调用 Excel 函数并编辑公式完成角度转换。

2. 将 60.36 转换为弧度形式的角值,并将其再转换回"度小数"形式的角值。试根据题意自行设计表格,调用 Excel 函数并编辑公式完成角度转换。

3. 将 105°02′35″ 转换为弧度形式的角值,并将其再转换回"度分秒"形式的角值。试根据题意自行设计表格,调用 Excel 函数并编辑公式完成角度转换。

4. 设计表 4－2 所示的表格,观测的水平角值已输入表中。试调用 Excel 函数并编辑公式将表格中"度分秒"形式的角值转换为"度小数"和弧度形式,最后再转换回"度分秒"形式。

表 4－2　角度转换计算表

度分秒			度小数	弧度	度分秒
°	′	″	°	rad	
157	9	34			
94	30	48			
89	17	58			
178	33	27			
122	31	25			
77	56	9			

5. 测回法水平角观测记录计算表见表4-3,外业观测的水平角值已输入表中,试根据测回法的计算原理,调用 Excel 函数并编辑公式完成表中"度小数"形式水平度盘读数、半测回角值、一测回角值等的计算。

表4-3　测回法水平角观测记录计算表

测站	目标	水平读盘读数	水平读盘读数/(°)	半测回角值	一测回角值
A	1	00°01′12″			
	2	130°01′02″			
	1	180°01′18″			
	2	310°01′10″			
B	3	00°01′14″			
	4	120°01′04″			
	3	180°01′20″			
	4	300°01′12″			

6. 全圆方向法水平角观测记录计算表见表4-4,外业观测的水平角值已输入表中。试根据全圆方向法水平角计算的原理,调用 Excel 函数并编辑公式完成表中"度小数"形式水平度盘读数、两倍照准差(2C)、平均读数、归零方向值和各测回归零方向值等项的计算。

表4-4　全圆方向法水平角观测记录计算表

测回数	目标	水平度盘读数		水平度盘读数/(°)		2C/(″)	平均读数	归零方向值	各测回归零方向值
		盘左	盘右	盘左	盘右				
1	A	0°00′01″	180°00′14″						
	B	72°24′38″	252°24′48″						
	C	184°36′44″	4°36′50″						
	D	246°48′20″	66°48′20″						
	A	0°00′07″	180°00′20″						
2	A	90°00′01″	270°00′08″						
	B	162°24′26″	342°24′18″						
	C	274°36′44″	94°36′32″						
	D	336°48′36″	156°48′44″						
	A	90°00′13″	270°00′19″						

7. 垂直角观测记录计算表见表 4 - 5,外业观测的垂直角值已输入表中。试根据垂直角计算的原理,调用 Excel 函数并编辑公式完成表中"度小数"形式竖盘读数、半测回垂直角、两倍指标差和一测回垂直角等项的计算。

表 4 - 5   垂直角观测记录计算表

测站	目标	竖盘位置	竖盘读数	竖盘读数/(°)	半测回垂直角	两倍指标差	一测回垂直角	垂直角计算公式
1	A	左	74°23′40″					$\alpha_{左} = 90° - L$ $\alpha_{右} = R - 270°$
		右	285°36′32″					
	B	左	60°41′16″					
		右	299°18′54″					
	C	左	83°31′10″					
		右	276°28′59″					

注:L 为盘左读数;R 为盘右读数。

第5章　Excel 在坐标正反算中的应用

5.1　坐标正反算的原理

5.1.1　坐标正算

极坐标化为直角坐标又称坐标正算,即已知两点间的水平距离 D 和坐标方位角 α,通过计算两点间的坐标增量 Δx 和 Δy,进而根据已知点的坐标求算待定点的坐标。坐标正反算示意图如图 5 - 1 所示。

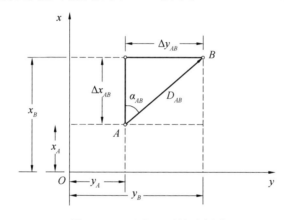

图 5 - 1　坐标正反算示意图

已知点 A 的坐标 (x_A, y_A)、D_{AB} 和 α_{AB},求算点 B 的坐标 (x_B, y_B),计算过程为

$$\Delta x_{AB} = x_B - x_A = D_{AB}\cos \alpha_{AB}$$
$$\Delta y_{AB} = y_B - y_A = D_{AB}\sin \alpha_{AB} \tag{5 - 1}$$

$$x_B = x_A + \Delta x_{AB}$$
$$y_B = x_A + \Delta x_{AB} \tag{5 - 2}$$

根据上式计算时,sin 和 cos 函数值有正有负,因此算得的增量同样有正负号。

5.1.2　坐标反算

直角坐标化为极坐标又称坐标反算,即已知两点的直角坐标(或坐标增量 Δx、Δy),计算两点间的水平距离 D 和坐标方位角 α,如图 5 – 1 所示。

已知点 A 的坐标(x_A, y_A)和点 B 的坐标(x_B, y_B),求 D_{AB} 和 α_{AB},计算过程为

$$D_{AB} = \sqrt{(x_B - y_A)^2 + (y_B - y_A)^2} = \sqrt{\Delta x_{AB}^2 + \Delta y_{AB}^2} \qquad (5-3)$$

$$\alpha'_{AB} = \arctan \frac{y_B - y_A}{x_B - x_A} = \arctan \frac{\Delta y_{AB}}{\Delta x_{AB}} \qquad (5-4)$$

式中,α'_{AB} 为直线 AB 的象限角,范围为 $[-90°, 90°]$。在此基础上,α_{AB} 应根据 Δx、Δy 的正负,通过判断其所在的象限得出。

由于测量坐标系与数学中的笛卡儿坐标系的坐标轴相反,前者象限顺时针编号,后者逆时针编号,因此坐标方位角与象限角之间的关系可通过表 5 – 1 进行表示。

表 5 – 1　坐标方位角与象限角之间的关系

Δy_{AB}	Δx_{AB}	坐标方位角
+	+	$\alpha_{AB} = \alpha'_{AB}$
+	−	$\alpha_{AB} = 180° + \alpha'_{AB}$
−	−	$\alpha_{AB} = 180° + \alpha'_{AB}$
−	+	$\alpha_{AB} = 360° + \alpha'_{AB}$

5.2　相 关 函 数

5.2.1　三角函数

1. 正弦函数 SIN

函数功能:返回给定角度的正弦值。

使用格式:SIN(number)。

参数说明:number 以弧度为单位。

2. 余弦函数 COS

函数功能:返回给定角度的余弦值。

使用格式:COS(number)。

参数说明:number 以弧度为单位。

3. 正切函数 TAN

函数功能:返回给定角度的正切值。

使用格式:TAN(number)。

参数说明:number 以弧度为单位。

5.2.2　反三角函数

1. 反正弦函数 ASIN

函数功能:返回参数的反正弦值。反正弦值是一个角度,该角度的正弦值即等于此函数的 number 参数。返回的角度值将以弧度表示,范围为 $-\pi/2 \sim \pi/2$。

使用格式:ASIN(number);

参数说明:number 为必需参数,必须介于 $-1 \sim 1$。

2. 反余弦函数 ACOS

函数功能:返回数字的反余弦值。反余弦值也是角度,返回的角度值以弧度表示,范围为 $0 \sim \pi$;

使用格式:ACOS(number)。

参数说明:number 为必需参数,必须介于 $-1 \sim 1$。

3. 反正切函数 ATAN

函数功能:返回数字的反正切值。反正切值是角度,其正切值等于 number 参数的值。返回的角度值将以弧度表示,范围为 $-\pi/2 \sim \pi/2$;

4. ATAN2 函数

函数功能:返回给定的 a 及 b 坐标值的反正切值。反正切的角度值等于 x 轴与通过原点和给定坐标点(x 坐标,y 坐标)的直线之间的夹角,结果以弧度表示并介于 $-\pi \sim \pi$(不包括 $-\pi$)。结果为正表示从 x 轴逆时针旋转的角度,结果为负表示从 x 轴顺时针旋转的角度。

使用格式:ATAN2(a,b)。

参数说明:ATAN2(a,b)等于 ATAN(b/a),除非 a 为零。如果 x 坐标和 y 坐标都为零,则 ATAN2 返回错误值 #Div/0!。

5.2.3　符号函数 SIGN

函数功能:返回数值的正负号。数字为正时,返回 1;数字为零时,返回 0;数字为负时,返回 -1。

使用格式:SIGN(number)。

参数说明:number 为判断符号的数值或数值所在的单元格。

5.3　Excel 在坐标正算中的应用

已知 A 点的坐标为(3 438 960.833,409 981.463),A、B 两点间的距离 D_{AB} 为 235.357,直线 AB 的坐标方位角 α_{AB} 为 249.047°,求 B 的坐标 (x_B, y_B)。

Excel 在坐标正算中的具体应用过程如下。

(1)首先设计图 5 - 2 所示的表格,将上述已知数据填入表格相应位置,如图中阴影部分所示。

(2)由于在 Excel 表格中,角度是以弧度为单位进行运算的,因此在 E4 单元格中输入公式"= RADIANS(D4)",将 249.047°化为弧度形式。

(3)分别在 F4、G4 单元格中输入公式"= C4□COS(E4)"和"= C4□sin(E4)",求出 AB 两点间的坐标增量 Δx_{AB} 和 Δy_{AB}。

(4)根据求出的坐标增量和 A 点的坐标,在 H4、I4 单元格中输入公式"= A4 + F4"和"= B4 + G4",求出待定点 B 的坐标。

	A	B	C	D	E	F	G	H	I
1	坐标正算								
2	测站点 A		距离	α_{AB}(度小数)	α_{AB}(弧度)	Δx	Δy	待测点 B	
3	x_A	y_A						x_B	y_B
4	3438960.8	409981.463	235.357	249.0467337	4.3467	-84.1650	-219.7930	3438876.668	409761.670

图 5 - 2　坐标正算

5.4　Excel 在坐标反算中的应用

已知 A 点的坐标(3 438 960.833,409 981.463)和 B 点的坐标(3 438 876.668,409 761.670),求 A、B 两点间的距离 D_{AB} 和直线 AB 的坐标方位角 α_{AB}。

Excel 在坐标反算中的具体应用过程如下。

(1)首先设计图 5 - 3 所示的表格,将上述已知数据填入表格相应位置,如图中阴影部分所示。

(2)根据 A、B 两点的坐标,分别在 E4、F4 单元格中输入公式"= C4 - A4"和"= D4 - B4",求出 A、B 两点间的坐标增量 Δx_{AB}、Δy_{AB}。

(3)根据 A、B 两点间的坐标增量 Δx_{AB}、Δy_{AB},在 G4 单元格中输入公式"= IF(DEGREES(ATAN2(E12,F12)) < 0,DEGREES(ATAN2(E12,F12)) + 360,

DEGREES(ATAN2(E12,F12)))"或"= DEGREES(PI()∗(1 − SIGN(F4)/2) − ATAN(E4/F4))",求出直线 AB 的坐标方位角。为便于观察,可以在 H4 单元格中输入公式"= TEXT(G4/24,"[h]°mm′ss″")",将其换成度分秒的形式。

(4)根据 A、B 两点的坐标,在 I4 单元格中输入公式"= SQRT(E4^2 + F4^2)",求出 AB 的距离,完成坐标反算。

	坐标反算							
	点A		点B		坐标增量		α_{AB}(度小数)	α_{AB}(度分秒)	距离
	x_A	y_A	x_B	y_B	Δx_{AB}	Δy_{AB}			
4	3438960.833	409981.463	3438876.668	409761.67	-84.165	-219.79	249.0467337	249°02′48″	235.357

图 5 - 3　坐标反算

5.5　综 合 应 用

5.5.1　坐标正反算在房屋轴线放样中的应用

设房屋轴线放样图如图 5 - 4 所示,A、B 为建筑场地已有的平面控制点,其已知坐标为

$$x_A = 1\ 048.60\ \text{m}, \quad x_B = 1\ 110.50\ \text{m}$$
$$y_A = 1\ 086.30\ \text{m}, \quad y_B = 1\ 332.40\ \text{m}$$

M、N 为待测设的设计房屋的轴线点,其设计坐标为

$$x_M = 1\ 220.00\ \text{m}, \quad x_N = 1\ 220.00\ \text{m}$$
$$y_M = 1\ 100.00\ \text{m}, \quad y_N = 1\ 300.00\ \text{m}$$

试根据题意自行设计表格,利用坐标正反算的原理,调用 Excel 函数并编辑公式,计算用极坐标法、距离交会法、角度交会法测设 M、N 点所需的测设数据(角度算至 s,距离算至 cm)。

坐标正反算在房屋轴线放样中应用的计算步骤如下。

(1)首先设计图 5 - 5 所示的表格,将上述已知数据填入表格相应位置,如图中阴影部分所示。

(2)坐标增量计算部分。按表 5 - 2 中的公式计算各边的坐标增量。

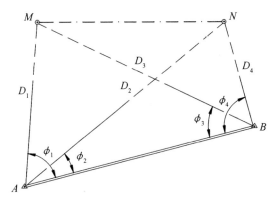

图 5 - 4　　房屋轴线放样图

房屋轴线点测设数据计算

已知数据		坐标增量			极坐标法测设数据				角度交会测设数据			起始边
					距离交会测设数据	方位角α			交会角度φ			
A 点坐标	1048.60	方向	Δx/m	Δy/m	边长D/m		/ (°)			/ (°)		
	1086.30											
B 点坐标	1110.50	A—B	61.90	246.10		75.88	75°52′54″					
	1332.40	B—A	-61.90	-246.10		255.88	255°52′54″					
M 点坐标	1220.00	A—M	171.40	13.70	D_1	171.95	4.57	4°34′12″	φ_1	71.31	71°18′42″	AB
	1100.00	A—N	171.40	213.70	D_2	273.94	51.27	51°16′06″	φ_2	24.61	24°36′48″	AB
N 点坐标	1220.00	B—M	109.50	-232.40	D_3	256.90	295.23	295°13′42″	φ_3	39.35	39°20′49″	BA
	1300.00	B—N	109.50	-32.40	D_4	114.19	343.52	343°31′01″	φ_4	87.64	87°38′07″	BA

图 5 - 5　　房屋轴线点测设数据计算

表 5 - 2　　坐标增量计算部分公式说明

方向	ΔX		ΔY		方向	ΔX		ΔY	
	单元格	公式	单元格	公式		单元格	公式	单元格	公式
$A - B$	D6	= B6 - B4	E6	= B7 - B5	$A - N$	D9	= B10 - B4	E9	= B11 - B5
$B - A$	D7	= B4 - B6	E7	= B5 - B7	$B - M$	D10	= B8 - B6	E10	= B9 - B7
$A - M$	D8	= B8 - B4	E8	= B9 - B5	$B - N$	D11	= B10 - B6	E11	= B11 - B7

（3）距离交会测设数据计算部分。按表 5 - 3 中的公式，根据计算出的坐标增量，由两点间的距离公式分别计算出 AM、AN、BM、BN 的距离 D_1、D_2、D_3、D_4。

表 5 - 3　　距离交会测设数据公式说明

计算项	单元格	公式	计算项	单元格	公式
D_1	C17	= SQRT(D8^2 + E8^2)	D_3	E17	= SQRT(D10^2 + E10^2)

续表5-3

计算项	单元格	公式	计算项	单元格	公式
D_2	C18	= SQRT(D9^2 + E9^2)	D_4	E18	= SQRT(D11^2 + E11^2)

（4）极坐标法测设数据计算部分。按表 5 - 3 中的公式分别计算出 AM、AN、BM、BN 的距离 D_1、D_2、D_3、D_4，按表 5 - 4 中的公式分别计算出方向 $A-B$、$B-A$、$A-M$、$A-N$、$B-M$、$B-N$ 的方位角，组成极坐标法测设数据。

表 5 - 4　极坐标法测设数据公式说明

方向	方位角 α			
	读小数形式		度分秒形式	
	单元格	公式	单元格	单元格
$A-B$	H6	= DEGREES(PI() * (1 - SIGN(E6)/2) - ATAN(D6/E6))	I6	= TEXT(H6/24, "[h]°mm′ss″")
$B-A$	H7	= DEGREES(PI() * (1 - SIGN(E7)/2) - ATAN(D7/E7))	I7	= TEXT(H7/24, "[h]°mm′ss″")
$A-M$	H8	= DEGREES(PI() * (1 - SIGN(E8)/2) - ATAN(D8/E8))	I8	= TEXT(H8/24, "[h]°mm′ss″")
$A-N$	H9	= DEGREES(PI() * (1 - SIGN(E9)/2) - ATAN(D9/E9))	I9	= TEXT(H9/24, "[h]°mm′ss″")
$B-M$	H10	= DEGREES(PI() * (1 - SIGN(E10)/2) - ATAN(D10/E10))	I10	= TEXT(H10/24, "[h]°mm′ss″")
$B-N$	H11	= DEGREES(PI() * (1 - SIGN(E11)/2) - ATAN(D11/E11))	I11	= TEXT(H11/24, "[h]°mm′ss″")

（5）角度交会测设数据计算部分。按表 5 - 5 中的公式分别计算出 M、N 点的交会角 φ_1、φ_2、φ_3、φ_4。

表 5 - 5　角度交会法测设数据公式说明

φ	读小数形式		度分秒形式	
	单元格	公式	单元格	单元格
φ_1	K8	= H6 - H8	L8	= TEXT(K8/24, "[h]°mm′ss″")
φ_2	K9	= H6 - H9	L9	= TEXT(K9/24, "[h]°mm′ss″")
φ_3	K10	= H10 - H7	L10	= TEXT(K10/24, "[h]°mm′ss″")
φ_4	K11	= H11 - H7	L11	= TEXT(K11/24, "[h]°mm′ss″")

5.5.2　坐标正反算在隧道轴线测设中的应用

设隧道施工的地面平面控制网如图 5 - 6 所示, A、B 为直线隧道的两个洞口点。控制网经过观测和计算, 得到隧道施工控制点坐标, 见表 5 - 6。试根据题意自行设计表格, 利用坐标正反算的原理, 调用 Excel 函数并编辑公式, 计算如下内容:

(1) 计算隧道两洞口点 A、B 间的中轴线长度 D_{AB};

(2) 计算从洞口点指示掘进方向 α_1、α_2、β_1、β_2 的水平角值。

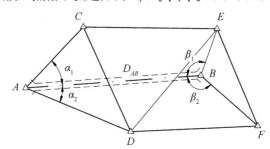

图 5 - 6　隧道施工的地面平面控制网

表 5 - 6　隧道施工控制点坐标

点号	x/m	y/m
A	590.000	544.000
B	601.375	714.288
C	647.372	600.124
D	548.318	646.378
E	645.200	730.178
F	553.278	769.300

坐标正反算在隧道轴线测设中应用的计算步骤如下。

(1) 首先设计图 5 - 7 所示的表格, 将上述已知数据填入表格相应位置, 如图中阴影部分所示。

（2）坐标增量计算部分。根据已知点的坐标，采用5.5.1节同样的方法，计算各边的坐标增量。

（3）距离计算部分。根据计算出的坐标增量，由两点间的距离公式在 G4 单元格中输入公式"$= SQRT(E4\hat{}2 + F4\hat{}2)$"，计算出 AB 的边长，将公式进行复制，分别计算出 AC、AD、BA、BE、BF 的距离。

（4）方位角计算部分。根据计算出的坐标增量，在 H4 单元格中输入公式"$= DEGREES(PI(\ ) * (1 - SIGN(F4)/2) - ATAN(E4/F4))$"，计算出 AB 的坐标方位角，此时的方位角是"度小数"的形式，为将其化为"度分秒"形式，在 I4 单元格中输入公式"$= TEXT(H4/24, "[h]°mm's s''")$"进行转换。采用同样的方法分别计算出 AC、AD、BA、BE、BF 两种形式的坐标方位角。

（5）交会角度计算部分。按表5－7中的公式分别计算出从洞口点指示掘进方向的 α_1、α_2、β_1、β_2 的水平角值。

点号	x /m	y /m	边号	坐标增量		边长	方位角		交会角度		角号
				Δx/m	Δy/m	D/m	/(°)	/(°)	/(°)		
A	590.00	544.00	AB	11.375	170.288	170.67	86.18	86°10′42″			
B	601.38	714.29	AC	57.372	56.124	80.26	44.37	44°22′12″	41.81	41°48′30″	a₁
C	647.37	600.12	AD	-41.682	102.378	110.54	112.15	112°09′11″	25.97	25°58′29″	a₂
D	548.32	646.38	BA	-11.375	-170.288	170.67	266.18	266°10′42″			
E	645.20	730.18	BE	43.825	15.890	46.62	19.93	19°55′46″	113.75	113°45′04″	β₁
F	553.28	769.30	BF	-48.097	55.012	73.07	131.16	131°09′48″	135.02	135°00′55″	β₂

隧道轴线测设数据计算

图 5 － 7　隧道轴线测设数据计算

表 5 － 7　交会角度计算公式说明

φ	"度小数"形式		"度分秒"形式	
	单元格	公式	单元格	单元格
α_1	J5	$= H4 - H5$	K5	$= TEXT(J5/24, "[h]°mm's s''")$
α_2	J6	$= H6 - H4$	K6	$= TEXT(J6/24, "[h]°mm's s''")$
α_3	J8	$= 360 - (H7 - H8)$	K8	$= TEXT(J8/24, "[h]°mm's s''")$
α_4	J9	$= H7 - H9$	K9	$= TEXT(J9/24, "[h]°mm's s''")$

5.6 练 习 题

1. 已知 *A* 点的坐标为(1 539.806,635.412),*B* 点的坐标为(1 429.513,1 122.306),求算 *AB* 边的坐标方位角和距离。试根据题意自行设计表格,调用 Excel 函数并编辑公式完成坐标反算。

2. 已知 *AB* 边的坐标方位角和距离分别为 55°10′55″ 和 1 320.203 m,*A* 点的坐标为(281 460.335,224 630.456),求算 *B* 点的坐标。试根据题意自行设计表格,调用 Excel 函数并编辑公式完成坐标正算。

3. 闭合导线的各内角值如图 5 - 8 所示,已知 1 ~ 2 边的坐标方位角为 130°,试根据题意自行设计表格,调用 Excel 函数并编辑公式,计算其他各边的坐标方位角。

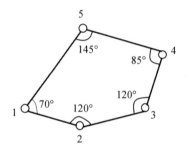

图 5 - 8 闭合导线示意图

4. 在某测区布设了一条闭和导线,如图 5 - 9 所示,*A*、*B* 为已知点,坐标分别为(3 620.026,5 636.150)、(3 546.779,5 721.119),1、2、3、4 为待定点,各个观测值如下:

$\beta_0 = 121°57′54″$,$\beta_1 = 90°36′06″$,$\beta_2 = 114°01′24″$,$\beta_3 = 120°09′00″$,$\beta_4 = 85°33′36″$,$\beta_5 = 129°40′24″$

$S_1 = 138.971$ m,$S_2 = 186.366$ m,$S_3 = 147.588$ m,$S_4 = 170.835$ m,$S_5 = 179.552$ m

试根据题意自行设计表格,利用坐标正反算的原理,调用 Excel 函数并编辑公式,计算其他各边的坐标方位角和各待定点的坐标。

5. 设有附合导线 *A* - *B* - 1 - 2 - 3 - *C* - *D* 的边长和角度(右角)观测值如图 5 - 10 所示。两端的 *A*、*B* 和 *C*、*D* 为已知边,*B*、*C* 点的坐标为 $X_B = 864.22$ m,$Y_B = 413.35$ m,$X_C = 970.21$ m,$Y_C = 986.42$ m,两已知边的坐标方位角为 $\alpha_{AB} = 45°00′00″$,1、2、3 为待定点,各个观测值如下:

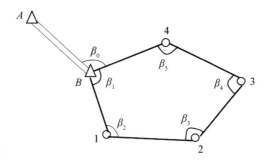

图 5 - 9　某测区闭合导线示意图

$\beta_1 = 120°30'00''$，$\beta_2 = 212°15'30''$，$\beta_3 = 145°50'00''$，$\beta_4 = 280°03'24''$，$\beta_5 = 262°30'18''$；

$S_1 = 297.26$ m，$S_2 = 187.81$ m，$S_3 = 93.40$ m，$S_4 = 150.64$ m

试根据题意自行设计表格，利用坐标正反算的原理，调用 Excel 函数并编辑公式，计算其他各边的坐标方位角和各待定点的坐标。

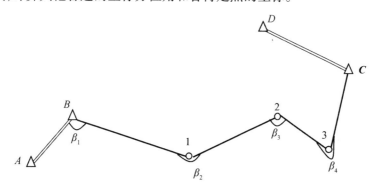

图 5 - 10　附合导线

6. 图 5 - 11 所示为某支导线，A、B 为已知点，1、2 为新设的支导线点。已知 $X_A = 264.20$ m，$Y_A = 113.30$ m；$X_B = 464.22$ m，$Y_B = 313.35$ m。测得 $\beta_1 = 120°30'30''$，$S_1 = 297.26$ m；$\beta_2 = 212*12'30''$，$S_2 = 187.82$ m。试根据题意自行设计表格，利用坐标正反算的原理，调用 Excel 函数并编辑公式，计算其他各边的坐标方位角和各待定点的坐标。

7. 桥梁平面控制网布设如图 5 - 12 所示，A,B 为桥梁轴线点。已测定平面控制点 A、B、C、D 的坐标列于表 5 - 3。设计桥墩中心点 P_1、P_2 离 A 点的距离 D_1、D_2 分别为 36 m 和 96 m。试根据题意自行设计表格，利用坐标正反算的原理，调用 Excel 函数并编辑公式：

（1）计算 P_1 和 P_2 点的坐标，填写于表 5 - 8 中；

图 5 - 11　某支导线

（2）用方向交会法确定 P_1 和 P_2 点位置的交会角 α_1、α_2、β_1、β_2（计算至整秒），将结果填写于表 5 - 9 中。

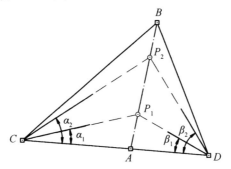

图 5 - 12　桥墩放样数据计算

表 5 - 8　桥梁控制点及桥墩中心点坐标

点号	X	Y
A	500. 000	500. 000
B	629. 203	528. 659
C	509. 494	386. 266
D	492. 643	581. 964
P_1		
P_2		

表 5 - 9　方向交会法桥墩测设数据计算

边号	坐标增量		方位角	交会角度	角号
	$\Delta x / \text{m}$	$\Delta y / \text{m}$			
CA					
CP_1					α_1
CP_2					α_2
DA					

续表5-9

边号	坐标增量		方位角	交会角度	角号
	$\Delta x/\mathrm{m}$	$\Delta y/\mathrm{m}$			
DP_1					β_1
DP_2					β_2

8. 已知控制点 A、B 及待定点 P 的坐标见表 5 – 10,试根据题意自行设计表格,利用坐标正反算的原理,调用 Excel 函数并编辑公式,计算 $A \rightarrow B$ 的方位角、$A \rightarrow P$ 的方位角和 $A \rightarrow P$ 的水平距离。

表 5 – 10　方向交会法桥墩测设数据计算

点名	X/m	Y/m
A	3 189. 126	2 102. 567
B	3 185. 165	2 126. 704
P	3 200. 506	2 124. 304

9. 已知 $\alpha_{AB} = 89°12'01''$,$x_B = 3\ 065.347\ \mathrm{m}$,$y_B = 2\ 135.265\ \mathrm{m}$,坐标推算路线为 $B \rightarrow 1 \rightarrow 2$,测得坐标推算路线的右角分别为 $\beta_B = 32°30'12''$,$\beta_1 = 261°06'16''$,水平距离分别为 $D_{B1} = 123.704\ \mathrm{m}$,$D_{12} = 98.506\ \mathrm{m}$,试根据题意自行设计表格,利用坐标正反算的原理,调用 Excel 函数并编辑公式,试计算 1、2 点的平面坐标。

10. 已知 $\alpha_{AB} = 300°04'00''$,$x_A = 14.22\ \mathrm{m}$,$y_A = 86.71\ \mathrm{m}$,$x_1 = 34.22\ \mathrm{m}$,$y_1 = 66.71\ \mathrm{m}$,$x_2 = 54.14\ \mathrm{m}$,$y_2 = 101.40\ \mathrm{m}$。试根据题意自行设计表格,利用坐标正反算的原理,调用 Excel 函数并编辑公式,计算仪器安置于 A 点,用极坐标法测设 1 与 2 点的测设数据。

第6章　Excel 在交会测量中的应用

6.1　交会测量的原理

交会法测量是测定单个地面点平面坐标的一种方法,通常适用于少量控制点的加密。依观测值是角度还是边长,可将交会法分为测角交会、测边交会、边角交会和后方交会等,这些方法也可用于工程测量中。

6.1.1　测角交会(前方交会)

前方交会即在两个已知控制点上通过观测角度,进而求算待定点坐标的方法。如图 6 - 1 所示,A、B 为已知控制点,其坐标分别为(x_A,y_A)、(x_B,y_B),P 为待定点。分别在 A、B 两点上安置仪器,观测 α、β 角。前方交会的计算过程如下。

已知点:$A(x_A,y_A)$,$B(x_B,y_B)$。

观测数据:α,β $(\gamma = 180° - \alpha - \beta)$。

待定点:P(需计算其坐标)。

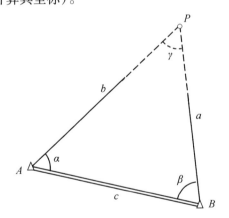

图 6 - 1　测角交会(前方交会)示意图

（1）计算各边方位角。

$$\alpha_{AB} = \arctan \frac{y_B - y_A}{x_B - x_A} \qquad (6-1)$$

$$\alpha_{AP} = \alpha_{AB} - \alpha \qquad (6-2)$$

$$\alpha_{BP} = \alpha_{BA} + \beta \qquad (6-3)$$

（2）计算各边长度。

$$c = \sqrt{(x_B - x_A)^2 + (y_B - y_A)^2} \qquad (6-4)$$

$$a = c \cdot \frac{\sin \alpha}{\sin \gamma}, \quad b = c \cdot \frac{\sin \beta}{\sin \gamma} \qquad (6-5)$$

（3）计算待定点坐标。

根据已知点至待定点的边长和方位角,按坐标正算的原理,分别根据 A、B 两点的坐标计算出待定点 P 点的两套坐标,若两次计算的结果相等,则说明计算无误。计算方式为

$$\begin{cases} x_P = x_A + b \cdot \cos \alpha_{AP} \\ y_P = y_A + b \cdot \sin \alpha_{AP} \\ x_P = x_B + b \cdot \cos \alpha_{BP} \\ y_P = y_B + b \cdot \sin \alpha_{BP} \end{cases} \qquad (6-6)$$

将上式进行化简,可以得到直接计算待定点坐标的正（余）切公式为

$$\begin{cases} x_P = \dfrac{x_A \cot \beta + x_B \cot \alpha + (y_B - y_A)}{\cot \alpha + \cot \beta} \\ y_P = \dfrac{y_A \cot \beta + y_B \cot \alpha + (x_A - x_B)}{\cot \alpha + \cot \beta} \end{cases} \qquad (6-7)$$

$$\begin{cases} x_P = \dfrac{x_A \tan \alpha + x_B \tan \beta + (y_B - y_A) \tan \alpha \tan \beta}{\tan \alpha + \tan \beta} \\ y_P = \dfrac{y_A \tan \alpha + y_B \tan \beta + (x_A - x_B) \tan \alpha \tan \beta}{\tan \alpha + \tan \beta} \end{cases} \qquad (6-8)$$

注意,此公式的推导中,A、B、P 是按逆时针编号进行的,其中 A、B 是已知点,P 是未知点。

6.1.2　测边交会（距离交会）

测边交会即在两个已知控制点上通过观测边长,进而求算待定点坐标的过程。如图 6-2 所示,A、B 已知控制点,其坐标分别为 (x_A, y_A)、(x_B, y_B),P 为待定点。分别在 A、B 两点上安置仪器,观测 $AP(b)$ 和 $BP(a)$。测边交会的计算过程如下。

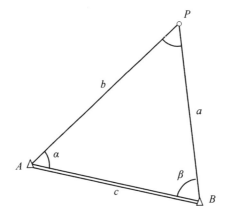

图 6 - 2   测边交会(距离交会) 示意图

已知值:A (x_A, y_A)、B (x_B, y_B)、AB 的长度 c 和方位角 α_{AB}。

观测值:两个已知点到待定点 P 的距离 $AP(b)$ 和 $BP(a)$。

待定点:P(需计算其坐标)。

(1) 计算直线 AB 的坐标方位角。

$$\alpha_{AB} = \arctan \frac{y_B - y_A}{x_B - x_A}$$

(2) 计算 A、B 间的水平距离。

$$D_{AB} = \sqrt{(x_B - x_A)^2 + (y_B - y_A)^2}$$

(3) 利用余弦定理计算 α、β。

$$\alpha = \arccos \frac{b^2 + c^2 - a^2}{2bc} \qquad (6 - 9)$$

$$\beta = \arccos \frac{a^2 + c^2 - b^2}{2ac} \qquad (6 - 10)$$

(4) 根据已知点 A、B 的坐标和 α、β,利用测角交会的公式计算待定点 P 的坐标。

6.1.3   边角交会

边角交会即在待定点上分别向两个已知点测定边长,并观测待定点所在的水平角,进而计算其坐标的过程。如图 6 - 3 所示,A、B 已知控制点,其坐标分别为 (X_A, Y_A)、(X_B, Y_B),P 为待定点。分别在 A、B 两点上安置仪器,观测 $AP(b)$、$BP(a)$ 和 γ。边角交会有一个多余观测,可以检验边角的观测值。边角交会的计算过程如下。

已知值:$A(x_A, y_A)$、$B(x_B, y_B)$、AB 的长度 c 和方位角 α_{AB}。

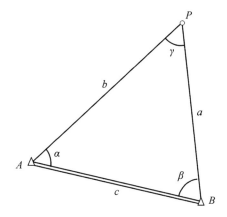

图 6 - 3   边角交会示意图

观测值:两个已知点到待定点 P 的距离 $AP(b)$、$BP(a)$ 和 P 点的水平角 γ。

(1)计算直线 AB 的坐标方位角。

$$\alpha_{AB} = \arctan \frac{y_B - y_A}{x_B - x_A}$$

(2)计算 A、B 间的水平距离。

$$D_{AB} = \sqrt{(x_B - x_A)^2 + (y_B - y_A)^2}$$

(3)利用余弦定理计算 α、β。

$$\alpha = \arccos \frac{b^2 + c^2 - a^2}{2bc}$$

$$\beta = \arccos \frac{a^2 + c^2 - b^2}{2ac}$$

(4)求 P 点的水平角 γ'。

$$\gamma' = 180° - \alpha - \beta \tag{6-11}$$

(5)求算角度闭合差。

观测值 γ 与计算值 γ' 的差值为角度闭合差 f_β,即

$$f_\beta = \gamma - \gamma' \tag{6-12}$$

若角度闭合差在容许范围之内,则以 1/3 的角度闭合差反其符号改正 α 和 β。

(6)计算边长改正值。

根据改正后的 α、β,利用正统定理求算边长 a、b 的改正值。

(7)根据已知点 A、B 的坐标,改正后的 α、β 和改正后的边长 a、b,利用测角交会的公式计算待定点 P 的坐标。

6.1.4   后方交会

从某一待定点 P 向三个已知点 A、B、C 观测水平方向值 R_A、R_B、R_C,以计算

待定点 P 的坐标,称为"后方交会"。已知点按顺时针排列,待定点可以在已知点所组成的三角形之内,也可以在其外,如图 6 - 4 所示。

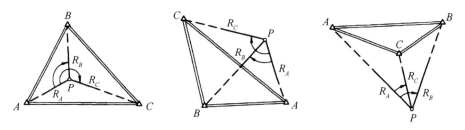

图 6 - 4 后方交会的各种图形

但是,A、B、C、P 四点位于同一圆上时,便不能用后方交会计算待定点的坐标,此时的圆称为后方交会的"危险圆"。下面介绍后方交会的"重心公式"。

如图 6 - 5 所示,A、B、C 三点为已知点,若三角形 ABC 的三个内角分别为 $\angle A$、$\angle B$、$\angle C$,在待定点 P 上观测各已知点的水平方向值 R_A、R_B、R_C,则三个水平角 α、β、γ 为

$$\alpha = R_C - R_B$$
$$\beta = R_A - R_C \qquad (6 - 13)$$
$$\gamma = R_B - R_A$$

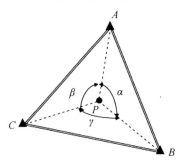

图 6 - 5 后方交会

若 x_P、y_P 分别为三个已知点 A、B、C 的 x、y 坐标的加权平均值,则有

$$x_P = \frac{P_A x_A + P_B x_B + P_C x_C}{P_A + P_B + P_C}$$
$$\qquad (6 - 14)$$
$$y_P = \frac{P_A y_a + P_B y_B + P_C y_C}{P_A + P_B + P_C}$$

设 P 点坐标即 $\triangle ABC$ 的重心,以 P_A、P_B、P_C 为待定系数,后方交会计算的"重心公式"中,待定系数 P_A、P_B、P_C 可以用下式求得,即

$$P_A = \frac{\tan \alpha \tan A}{\tan \alpha - \tan A}$$

$$P_B = \frac{\tan \beta \tan B}{\tan \beta - \tan B}$$

$$P_C = \frac{\tan \gamma \tan C}{\tan \gamma - \tan C}$$
(6 - 15)

式中,变量为三角形的三个内角 $\angle A$、$\angle B$、$\angle C$ 和三个交会角 α、β、γ,$\angle A$、$\angle B$、$\angle C$ 由 A、B、C 坐标反算得,而 α、β、γ 按式(6 - 15) 计算。

6.2　Excel 在角度交会(前方交会) 计算中的应用

如图 6 - 6 所示,已知 A、B 两点的坐标分别为(767.34,355.486) 和 (908.853,2 627.664),A、B 两点的水平角 α、β 分别为 36°42′23.58″ 和 26°30′0.55″,求 C 的坐标(X_C,Y_C)。

	A	B	C	D	E	F	G	H
1		角度交会（前方交会）						
2		两角定点(逆时针编号)						
3		X_A	767.34			图示		
4		Y_A	355.486					
5		X_B	908.853					
6	参数输入	Y_B	2627.664					
7		α	°	′	″			
8			36	42	23.58			
9		β	°	′	″			
10			26	30	0.55			
11		ΔX_{AB}	141.513					
12		ΔY_{AB}	2272.178					
13	辅助计算	AB边长（D_{AB}）	2276.581			α_{AB}	86.436	
14		α	36.707			β	26.500	
15		AC方位角（α_{AC}）	49.730			AC边长（a）	1137.987	
16		BC方位角（α_{BC}）	292.936			BC边长（b）	1524.414	
17	计算结果	X_1	1502.929	X_2	1502.929	X_C	1502.929	
18		Y_1	1223.773	Y_2	1223.773	Y_C	1223.773	

图 6 - 6　角度交会(前方交会) 计算 1

Excel 在角度交会中的具体应用过程如下。

6.2.1 方法一

（1）参数输入部分。

首先设计如图 6-6 所示的表格，将上述已知数据和观测数据填入表格的相应位置，如表中阴影部分所示。

（2）辅助计算部分。

按表 6-1 中的公式计算各边方位角和边长。

表 6-1 辅助计算部分的公式说明

计算项	单元格	公式	计算项	单元格	公式
ΔX_{AB}	C11	= C5 - C3	α_{AB}	G13	= DEGREES(PI( ) * (1 - SIGN(C12)/2) - ATAN(C11/C12))
ΔY_{AB}	C12	= C6 - C4	α_{AC}	C15	= G13 - C14
D_{AB}	C13	= SQRT(C11^2 + C12^2)	α_{BC}	C16	= G13 + 180 + G14
α	C14	= C8 + D8/60 + E8/3 600	a	G15	= C13 * SIN(RADIANS (G14))/ SIN(RADIANS (180 - C14 - G14))
β	G14	= C10 + D10/60 + E10/3 600	b	G16	= C13 * SIN(RADIANS (C14))/ SIN(RADIANS (180 - C14 - G14))

（3）计算结果部分。

按表 6-2 中的公式，分别根据 A、B 两点的坐标计算出待定点 C 点的两套坐标，若两套坐标相同，则说明计算过程无误。从图 6-3 中可以看出，两套坐标值完全相同，所以待定点 P 的坐标为（1 502.929，1 223.773）。

表 6-2 计算结果部分的公式说明

计算项	单元格	公式	计算项	单元格	公式
X_1	C17	= C3 + G15 * COS (RADIANS (C15))	X_2	E17	= C5 + G16 * COS (RADIANS (C16))
Y_1	C18	= C4 + G15 * SIN (RADIANS (C15))	Y_2	E18	= C6 + G16 * SIN (RADIANS (C16))

说明：上述公式图形中，A、B、C 三点是按逆时针编号的，若三点为顺时针编号，则仍可按上述过程计算进行推导。

6.2.2　方法二

(1) 参数输入部分。

首先设计图 6 - 7 所示的表格，将上述已知数据和观测数据填入表格相应位置，如表中的阴影部分所示。

	A	B	C	D	E	F	G	H
1	角度交会（前方交会）							
2	两角定点(逆时针编号)							
3	参数输入	X_A	767.34			图示		
4		Y_A	355.486					
5		X_B	908.853					
6		Y_B	2627.664					
7		α	°	′	″			
8			36	42	23.58			
9		β	°	′	″			
10			26	30	0.55			
11	辅助计算	X_A-X_B	-141.513			α	36.7066	
12		Y_B-Y_A	2272.178			β	26.5002	
13		$\tan\alpha$	0.745554877			$\tan\beta$	0.4986	
14		$X_A\cdot\tan\alpha$	572.094			$Y_A\cdot\tan\alpha$	265.034	
15		$X_B\cdot\tan\beta$	453.140			$Y_B\cdot\tan\beta$	1310.114	
16		$(Y_B-Y_A)\cdot\tan\alpha\cdot\tan\beta$	844.620			$(X_A-X_B)\cdot\tan\alpha\cdot\tan\beta$	-52.604	
17	计算结果	X_C	1502.929			Y_C	1223.773	

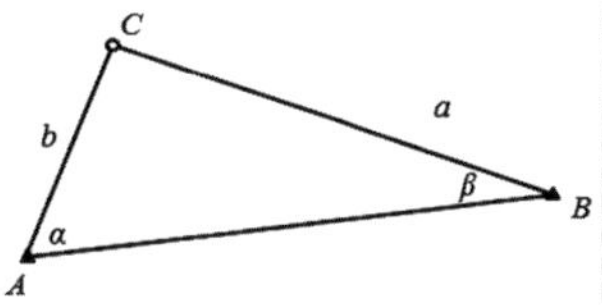

图 6 - 7　角度交会(前方交会)计算 2

(2) 辅助计算部分。

按表 6 - 3 中的公式计算各个参数。

(3) 计算结果部分。

按表 6 - 3 中的公式，分别根据 A、B 两点的坐标计算出待定点 C 点的两套坐标，若两套坐标相同，则说明计算过程无误。从图 6 - 5 中可以看出，两套坐标值完全相同，所以待定点 P 的坐标为(1 502.929,1 223.773)。

表 6 - 3　辅助计算和计算结果部分的公式说明

计算项	单元格	公式	计算项	单元格	公式
$X_A - X_B$	C11	= C3 - C5	$X_B \cdot \tan\beta$	C15	= C5 * G13
$Y_B - Y_A$	C12	= C6 - C4	$Y_A \cdot \tan\alpha$	G14	= C4 * C13

续表6-3

计算项	单元格	公式	计算项	单元格	公式
α	G11	= C8 + D8/60 + E8/3 600	$Y_B \cdot \tan\beta$	G15	= C6 * C13
β	G12	= C10 + D10/60 + E10/3 600	$(Y_B - Y_A) \cdot$ $\tan\alpha \cdot \tan\beta$	C16	= C12 * C13 * G13
$\tan\alpha$	C13	= TAN (RADIANS (G11))	$(X_B - X_A) \cdot$ $\tan\alpha \cdot \tan\beta$	G16	= C11 * C13 * G13
$\tan\beta$	G13	= TAN (RADIANS (G12))	X_C	C17	= (C14 + C15 + C16)/ (C13 + G13)
$X_A \cdot \tan\alpha$	C14	= C3 * C13	Y_C	G17	= (G14 + G15 + G16)/ (C13 + G13)

6.3 Excel 在测边交会(距离交会)计算中的应用

已知 A、B 两点的坐标分别为(524.767,919.750)、(479.593,1 217.407),C 点为待定点,观测值 AC、BC 的边长 a、b 分别为312.266、321.180,求 C 的坐标 (X_C,Y_C)。

Excel 在测边交会中的具体应用过程如下。

(1)参数输入部分。

首先设计图6-8所示的表格,将上述已知数据和观测数据填入表格相应位置,如图中的阴影部分所示。

(2)辅助计算部分。

按表6-4中的公式计算 AB、BC 边的方位角和角度 α、β。

(3)计算结果部分。

按表6-5中的公式分别根据 A、B 两点的坐标计算出待定点 C 点的两套坐标,若两套坐标相同,则说明计算过程无误。从图6-8中可以看出,两套坐标值完全相同,所以待定点 C 的坐标为(776.161,1 119.644)。

	A	B	C	D	E	F	G	H
1				**测边交会（测边交会）**				
2				**两角定点(逆时针编号)**				
3		已知点A	X_A	524.767			**图示**	
4			Y_A	919.750				
5	参数输入	已知点B	X_B	479.593				
6			Y_B	1217.407				
7		观测边长	a	312.266				
8			b	321.180				
9			ΔX_{AB}	-45.174				
10			ΔY_{AB}	297.657				
11	辅助计算	c		301.065		α_{AB}		98.630
12		α		60.140		β		63.126
13		α_{AC}		38.490		α_{BC}		341.755
14	计算结果	X_1	776.161	X_2	776.161	X_C		776.161
15		Y_1	1119.644	Y_2	1119.644	Y_C		1119.644

图 6 - 8　测边交会(距离交会) 计算

表 6 - 4　辅助计算部分的公式说明

计算项	单元格	公式	计算项	单元格	公式
ΔX_{AB}	C9	= D5 – D3	β	F12	= DEGREES(ACOS((D7^2 + C11^2 – D8^2)/ (2 * D7 * C11)))
ΔY_{AB}	C10	= D6 – D4	α_{AB}	F11	= DEGREES(PI( ) * (1 – SIGN(C10)/2) – ATAN(C9/C10))
c	C11	SQRT(C9^2 + C10^2)	α_{AC}	C13	= G11 – C12
α	C12	= DEGREES(ACOS ((D8^2 + C11^2 – D7^2)/(2 * D8 * C11)))	α_{BC}	F13	= G11 + 180 + C12

表 6 - 5　计算结果部分的公式说明

计算项	单元格	公式	计算项	单元格	公式
X_1	C14	= D3 + D8 * COS (RADIANS (C13))	X_2	E14	= D5 + D7 * COS (RADIANS (G13))

续表6-5

计算项	单元格	公式	计算项	单元格	公式
Y_1	C15	= D4 + D8 * SIN (RADIANS (C13))	Y_2	E15	= D6 + D7 * SIN (RADIANS (G13))

6.4 Excel 在边角交会计算中的应用

已知 A、B 两点的坐标分别为(1 240.237 0,1 160.644 0)、(1 320.849 2,1 973.313 2),C 点为待定点,观测值 AC、BC 的边长 a、b 分别为 470.714、771.708,测得的水平角 γ 为 78°04′06″,求 C 的坐标(X_C,Y_C)。

Excel 在测边交会中的具体应用过程如下。

(1) 参数输入部分。

首先设计图 6-9 所示的表格,将上述已知数据和观测数据填入表格相应位置,如图中的阴影部分所示。

	A	B	C	D	E	F	G	H
1	边角交会							
2	两角定点(逆时针编号)							
3	参数输入	已知点A	X_A	1240.2370		图示		
4			Y_A	1160.6440				
5		已知点B	X_B	1320.8492				
6			Y_B	1973.3132				
7		观测角γ	°	′	″			
8			78	4	6			
9		观测边长	a	470.714				
10			b	771.708				
11	辅助计算	AB边长	ΔX_{AB}	80.6122	ΔY_{AB}	812.6692	c	816.658
12		水平角	γ	78.068	α	34.329	β	67.601
13		角度闭合差	γ理论值	78.070	f_β/(″)	-7.7	$f_{\beta允}$/(″)	69.282
14		水平角改正值	γ'	78.069	α'	34.330	β'	67.601
15		边长改正值	a'	470.725		b'	771.716	
16		各边方位角	α_{AB}	84.335	α_{AC}	50.0055	α_{BC}	331.936
17	计算结果	X_1	1736.2295	X_2	1736.2295	C点坐标	X_C	1736.2295
18		Y_1	1751.8606	Y_2	1751.8606		Y_C	1751.8606

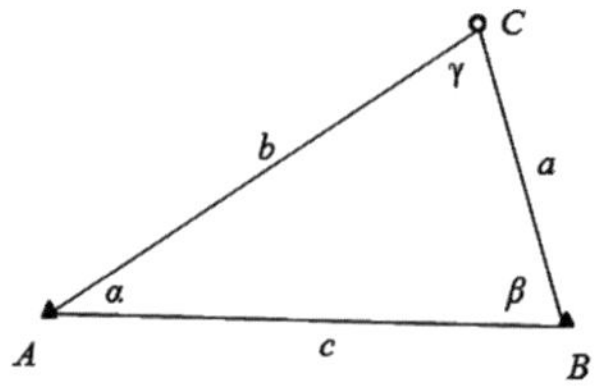

图 6-9　边角交会计算

（2）辅助计算部分。

按表 6 - 6 中的公式进行逐项计算。

表 6 - 6　辅助计算部分的公式说明

计算项	单元格	公式	计算项	单元格	公式
ΔX_{AB}	D11	= D5 - D3	γ'	D14	= D12 - F13/(3 * 3600)
ΔY_{AB}	F11	= D6 - D4	α'	F14	= F12 - F13/(3 * 3600)
c	H11	= SQRT（D11^2 + F11^2）	β'	H14	= H12 - F13/(3 * 3600)
γ	D12	= C8 + D8/60 + E8/3600	a'	D15	= H11 * SIN（RADIANS（F14））/SIN（RADIANS（D14））
α	F12	= DEGREES（ACOS（（D10^2 + H11^2 - D9^2）/（2 * D10 * H11）））	b'	G15	= H11 * SIN（RADIANS（H14））/SIN（RADIANS（D14））
β	F11	= DEGREES（ACOS（（D9^2 + H11^2 - D10^2）/（2 * D9 * H11）））	α_{AB}	D16	= DEGREES（PI（） *（1 - SIGN（F11）/2） - ATAN（D11/F11））
γ 理论值	D13	= 180 - F12 - H12	α_{AC}	F16	= D16 - F14
f_β	F13	=（D12 - D13）* 3600	α_{BC}	H16	= D16 + 180 + H14
$f_{\beta允}$	H13	= 40 * SQRT（3）			

（3）计算结果部分。

按表 6 - 7 中的公式分别根据 A、B 两点的坐标计算出待定点 C 点的两套坐标，若两套坐标相同，则说明计算过程无误。从图 6 - 9 中可以看出，两套坐标值完全相同，所以待定点 C 的坐标为（1 736.229 5，1 751.860 6）。

表 6 - 7　计算结果部分的公式说明

计算项	单元格	公式	计算项	单元格	公式
X_1	C17	= D3 + G15 * COS（RADIANS（F16））	X_2	E17	= D5 + D15 * COS（RADIANS（H16））
Y_1	C18	= D4 + G15 * SIN（RADIANS（F16））	Y_2	E18	= D6 + D15 * SIN（RADIANS（H16））

6.5 Excel 在后方交会计算中的应用

已知 A、B、C 三点的坐标分别为 $(102.344, 218.368)$、$(504.716, 408.556)$、$(200.144, 620.188)$，P 点为待定点，从某一待定点 P 向三个已知点 A、B、C 观测水平方向值 R_A、R_B、R_C 分别为 $0°00'00''$、$149°08'27''$ 和 $278°08'34''$，求 P 的坐标 (X_P, Y_P)。

Excel 在测边交会中的具体应用过程如下。

（1）参数输入部分。

首先设计图 6-10 所示的表格，将上述已知数据和观测数据填入表格相应位置，如图中的阴影部分所示。

	A	B	C	D	E	F	G	H	I	J	K
1						后方交会					
2			*A*	*B*	*C*			图示			
3		*X*	102.344	504.716	200.144						
4		*Y*	218.368	408.556	620.188						
5	参数输入		°	′	″						
6		R_A	0	0	0						
7		R_B	149	8	27						
8		R_C	278	8	34						
9		R_A	0.000	α	129.002	ΔX_{AB}	402.372	ΔY_{AB}	190.188	α_{AB}	25.299
10		R_B	149.141	β	-278.143	ΔX_{AC}	97.800	ΔY_{AC}	401.820	α_{AC}	76.321
11	辅助计算	R_C	278.143	γ	149.141	ΔX_{BC}	-304.572	ΔY_{BC}	211.632	α_{BC}	145.206
12		A	51.022	$\tan A$	1.236	$\tan \alpha$	-1.235	P_A	0.618		
13		B	60.092	$\tan B$	1.738	$\tan \beta$	6.989	P_B	2.314	ΣP	3.417
14		C	68.886	$\tan C$	2.590	$\tan \gamma$	-0.598	P_C	0.485		
15	计算结果	Xp		388.717			Yp		404.247		

图 6-10 后方交会

（2）辅助计算部分。

按表 6-8 中的公式进行逐项计算。

表 6-8 辅助计算部分的公式说明

计算项	单元格	公式	计算项	单元格	公式
R_A	C9	= C6 + D6/60 + E6/3 600	α	E9	= C11 − C10
R_B	C10	= C7 + D7/60 + E7/3 600	β	E10	= C9 − C11
R_C	C11	= C8 + D8/60 + E8/3 600	γ	E11	= C10 − C9

续表6-8

计算项	单元格	公式	计算项	单元格	公式
ΔX_{AB}	G9	= D3 - C3	ΔY_{AB}	I9	= D4 - C4
ΔX_{AC}	G10	= E3 - C3	ΔY_{AC}	I10	= E4 - C4
ΔX_{BC}	G11	= E3 - D3	ΔY_{BC}	I11	= E4 - D4
α_{AB}	K9	= DEGREES(PI( ) * (1 - SIGN(I9)/2) - ATAN(G9/I9))	A	C12	= K10 - K9
α_{AC}	K10	= DEGREES(PI( ) * (1 - SIGN(I10)/2) - ATAN(G10/I10))	B	C13	= K9 + 180 - K11
α_{BC}	K11	= DEGREES(PI( ) * (1 - SIGN(I11)/2) - ATAN(G11/I11))	C	C14	= K11 + 180 - (K10 + 180)
tan A	E12	= TAN(RADIANS (C12))	tan α	G12	= TAN(RADIANS (E9))
tan B	E13	= TAN(RADIANS (C13))	tan β	G13	= TAN(RADIANS(E10))
tan C	E14	= TAN(RADIANS (C14))	tan γ	G14	= TAN(RADIANS(E11))
P_A	I12	= E12 * G12/(G12 - E12)	P_C	I14	= E14 * G14/(G14 - E14)
P_B	I13	= E13 * G13/(G13 - E13)	$\sum P$	K12	= SUM(I12:I14)

（3）计算结果部分。

按表6-9中的公式分别根据 A、B 两点的坐标计算出待定点 P 点的坐标，从图6-10中可以看出，待定点 P 的坐标为(388.717,404.247)。

表6-9　计算结果部分的公式说明

计算项	单元格	公式	计算项	单元格	公式
X_P	C17	= (I12 * C3 + I13 * D3 + I14 * E3)/K12	Y_P	E17	= (I12 * C4 + I13 * D4 + I14 * E4)/K12

6.6　练　习　题

1. 利用 Excel 设计表格,调用函数根据测角交会计算 P 点的位置。已知点

A、B 的坐标和观测的交会角 α、β,如图 6 - 11 所示。

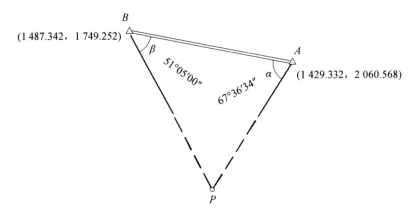

图 6 - 11　测角交会计算练习题

2. 利用 Excel 设计表格,调用函数根据测边交会测原理计算 P 点的位置。已知点 A、B 的坐标和观测的边长 a、b,如图 6 - 12 所示。

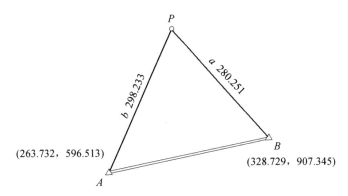

图 6 - 12　测边交会计算练习题

3. 利用 Excel 设计表格,调用函数根据边角交会计算 P 点的位置。已知点 A、B 的坐标和观测的边长 a、b 和角度 γ,如图 6 - 13 所示。

4. 利用 Excel 设计表格,调用函数,用后方交会测定 P 点的位置。已知点 A、B、C 的坐标和观测的水平方向值 R_A、R_B、R_C,如图 6 - 14 所示,计算 P 点的坐标。

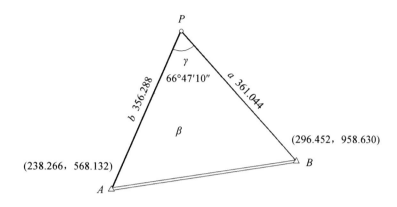

图 6 – 13　边角交会计算练习题

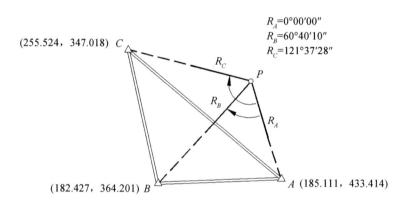

图 6 – 14　后方交会计算练习题

5. 图 6 – 15 所示为前方交会示意图,起算数据和观测数据分别于表 6 – 10 中列出。试根据所学知识,自行设计表格,调用 Excel 函数并编辑公式,计算 P 点的坐标。

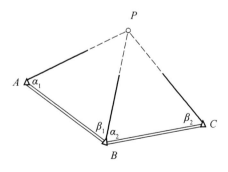

图 6 – 15　前方交会示意图

表 6 - 10   起算数据和观测数据

点号	X/m	Y/m	角号	角值
A	3 646.35	1 054.54	α_1	64°03′30″
B	3 873.96	1 772.68	α_2	59°46′40″
C	4 538.45	1 862.57	β_1	55°30′36″
			β_2	72°44′47″

6. 前方交会示意图如图 6 - 16 所示,A、B 为已知点,起算数据和观测数据分别于表 6 - 11 中列出。试根据所学知识,自行设计表格,调用 Excel 函数并编辑公式,利用后方交会计算 P 点的坐标。

表 6 - 11   起算数据和观测数据

点号	X/m	Y/m	坐标方位角	角号	角值
M					
A	847.63	954.48	100°16′24″		
N				β_1	127°41′42″
B	959.78	1741.18	279°38′36″	β_2	224°08′18″

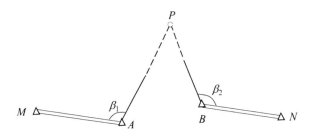

图 6 - 16   前方交会示意图

7. 前方交会示意图如图 6 - 17 所示,A、B 为已知点,起算数据和观测数据

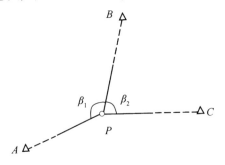

图 6 - 17   前方交会示意图

分别于表 6 – 12 中列出。试根据所学知识,自行设计表格,调用 Excel 函数并编辑公式,利用前方交会计算 P 点的坐标。

表 6 – 12　　起算数据和观测数据

点号	X/m	Y/m	角号	角值
A	390.64	4 988.00	β_1	151°46′52″
B	3463.19	8 081.48	β_2	76°57′10″
C	291.84	7 723.18		

　8. 如图 6 – 18 所示,A、B 为已知点,起算数据和观测数据分别于表 6 – 13 中列出。试根据所学知识,自行设计表格,调用 Excel 函数并编辑公式,计算 P 点的坐标。

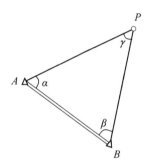

图 6 – 18　　前方交会示意图

表 6 – 13　　起算数据和观测数据

点号	X/m	Y/m	角号	角值
A	7 520.17	6 604.88	α	44°46′36″
B	5 903.01	8 119.56	β	86°04′05″
			γ	49°09′10″

第7章　Excel 在三角高程测量中的应用

当地形高低起伏,两点间高差较大,不便于进行水准测量时,可以用三角高程测量的方法测定两点间的高差。进行三角高程测量时,应测定两点间的平距或斜距及垂直角,进而计算两点间高差,这是将距离测量与角度测量相合。这种方法简便、灵活,受地形条件的限制较少。

7.1　三角高程测量的原理

如图 7 - 1 所示,已知 A 点的高程为 H_A,欲测定 B 点的高程 H_B,将置经纬仪于 A 点,用卷尺量取仪器高 i(地面点至经纬仪横轴的高度),在 B 点安置觇牌,量取目标高 l(地面点至觇牌中心或觇牌横轴的高度),测定垂直角 α 和 AB 的倾斜距离 $S(\leqslant 300 \text{ m})$。

假设 A 点高程为 H_A,在测站 A 观测的垂直角为 α,则 A、B 两点间的平距 D、垂距 V 和高差 h_{AB} 分别为

$$D = S \cdot \cos \alpha \tag{7 - 1}$$
$$V = S \cdot \sin \alpha \tag{7 - 2}$$
$$h_{AB} = D \cdot \tan \alpha + i - l = V + i - l \tag{7 - 3}$$

根据 A 点的高程 H_A 和 A、B 两点之间的高差 h_{AB} 可计算 B 点的高程为

$$H_B = H_A + h_{AB} \tag{7 - 4}$$

如图 7 - 2 所示,距离测量是在测区的地面上进行的,测站与目标离大地水准面都有一定的高度。测站 A 和目标 B 的平均高程是测距时视线的平均高程 H_m,因此测得的水平距离是视线平均高程面上的距离 D,需要将 D 归算至大地水准面上。对于地形测量或工程测量来说,当距离 D 超过 300 m 时,这种地球曲率的影响是不容忽视的,所以对于远距离三角高程测量来说,应进行地球曲率差改正,简称球差改正(f_1),即

$$f_1 = + \frac{D^2}{2R} \tag{7 - 5}$$

式中,D 为 A、B 两点间的水平距离;R 为地球的平均曲率半径(6 371 km)。由于地球曲率的影响,测量的高差小于其实际值,因此球差改正(f_1)恒为正值。

另外,倾斜视线穿过密度逐步变稀的各层空气介质,层面上的折射角总是大于入射角,使视线成为一条向上凸的曲线。这种现象称为"大气垂直折光",

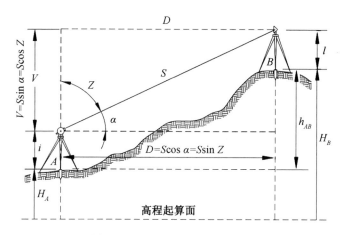

图 7 - 1　近距离三角高程测量

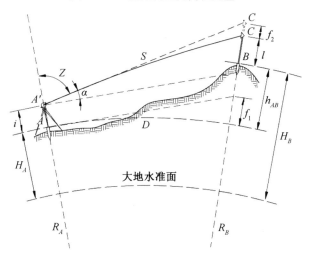

图 7 - 2　远距离三角高程测量

其使视线的切线方向向上抬高,导致测得的垂直角和高差偏大。因此,对于远距离的三角高程测量,需要进行大气垂直折光影响的改正,简称气差改正(f_2),即

$$f_2 = - k \frac{D^2}{2R} \qquad (7 - 6)$$

大气垂直折光系数 k 随时间、日照、气温、气压、视线高度和地面情况等因素而改变,一般取其平均值。令 $k = 0.14$,气差改正(f_2)恒为负值。

距离较远时,考虑地球曲率差和大气折光差对高差的影响,应对观测得到的高差加"球差改正"和"气差改正"(总称"两差改正"),其公式为

$$f = f_1 + f_2 = (1 - k) \frac{D^2}{2R} \qquad (7 - 7)$$

由于 $f_1 > f_2$,因此 f 恒为正值。

顾及两差改正时,三角高程测量的高差计算公式为

$$h_{AB} = D \cdot \tan \alpha + i - l + f = V + i - l + f \qquad (7-8)$$

折光系数 k 的不确定性造成远距离三角高程测量的两差改正也存在误差,若能在短时间内在两点上进行对向观测,即测量 h_{AB} 和 h_{BA} ,将 h_{BA} 反其符号与 h_{AB} 取均值,则由于短时间内 k 值不大可能会变化,因此可以使两差改正的误差得到消除。对向观测的方法用于精度要求较高的三角高程测量中。

实测试验表明,当垂直角观测精度 $m_\alpha \leqslant \pm 2.0''$ 时,边长在 2 km 范围内,电磁波测距三角高程测量完全可以替代四等水准测量。如果再缩短边长或提高垂直角的测定精度,还可以进一步提高测定高差的精度。若 $m_\alpha \leqslant \pm 1.5''$,则边长在 3.5 km 范围内可达到四等水准测量的精度,边长在 1.2 km 范围内可达到三等水准测量的精度。

7.2 Excel 在三角高程测量计算中的应用

如图 7-3 所示,在 A 、 B 、 C 、 D 四点间进行三角高程测量,构成闭合水准路线,在各点之间对垂直角和斜距进行往返观测,已知 A 点的高程为 234.88 m。已知数据和观测数据均在图中注明,要求自行设计表格,计算各点间的高差,并对该水准路线进行平差,计算各点的高程。

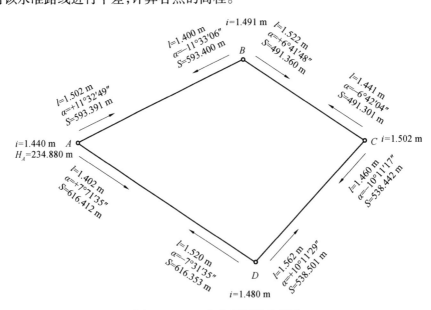

图 7-3　三角高程测量示意图

7.2.1　三角高程测量高差计算

Excel 在三角高程测量高差计算中的具体应用过程如下。

（1）参数输入部分。

首先设计图 7 - 4 所示的表格，将上述已知数据和观测数据填入表格相应位置，如图中的阴影部分所示。

	三角高程测量计算								
起算点	A		B		C		D		
待定点	B		C		D		A		
往返测	往	返	往	返	往	返	往	返
斜距S/m	593.391	593.400	491.360	491.301	538.442	538.501	616.353	616.412
垂直角（α）	11 32 49	-11 -33 -6	6 41 48	-6 -42 -4	-10 -11 -17	10 11 29	-7 -31 -18	7 31 35
水平距离/m	581.381	581.380	488.008	487.945	529.952	530.005	611.050	611.101
$V=S\sin\alpha$	118.780	-118.829	57.299	-57.330	-95.239	95.281	-80.681	80.739
目标高l/m	1.502	1.400	1.522	1.441	1.460	1.562	1.520	1.402
仪器高i/m	1.440	1.491	1.491	1.502	1.502	1.480	1.480	1.440
两差改正f	0.023	0.023	0.016	0.016	0.019	0.019	0.025	0.025
单向高差	118.740	-118.715	57.284	-57.253	-95.178	95.218	-80.696	80.803
往返高差均值	118.728		57.268		-95.198		-80.749	

图 7 - 4　三角高程测量高差计算

（2）水平距离计算部分。

在 B7 单元格中输入公式"= B5 * COS（RADIANS（B6 + C6/60 + D6/3600））"，计算出 A、B 之间的往测距离，采用同样的公式求出 A、B 之间的返测距离及 BC、CD、DA 的往返测距离。

（3）垂距 V 计算部分。

在 B8 单元格中输入公式"= B5 * SIN（RADIANS（B6 + C6/60 + D6/3600））"，计算出 AB 之间的往测垂距，采用同样的公式求出 AB 之间的返测垂距及 BC、CD、DA 之间的往返测垂距。

（4）两差改正 f 计算部分。

在 B11 单元格中输入公式"= (1 - 0.14) * (B7^2) / (2 * 6371000)"，计算出 AB 之间的往测两差改正，采用同样的公式求出 AB 之间的返测两差改正及 BC、CD、DA 之间往返测的两差改正。

（5）单向高差计算部分。

在 B12 单元格中输入公式"= B8 + B10 - B9 + B11"，计算出 AB 之间的往测高差，采用同样的公式求出 AB 之间的返测高差及 BC、CD、DA 之间的往返测高差。

（6）平均高差计算部分。

在 B13 单元格中输入公式"=（B12 - F.12)/2"，计算出 AB 之间往测高差均值，采用同样的方法计算出 BC、CD、DA 之间往返测高差均值。

7.2.2　三角高程测量高差调整及高程计算

Excel 在三角高程测量高差调整及高程计算中的具体应用过程如下。

（1）参数输入部分。

首先设计图 7 - 5 所示的表格，将 7.2.1 节中计算得到的平距、高差数据和 A 点的已知高程填入表格相应位置，如图中的阴影部分。

	A	B	C	D	E	F
1	三角高程测量高差调整及高程计算					
2	点号	水平距离/m	观测高差/m	改正数/m	改正后的高差/m	高程/m
3	A					234.880
4	B	581.381	118.728	-0.013	118.715	353.595
5	C	487.976	57.268	-0.011	57.258	410.853
6	D	529.978	-95.198	-0.012	-95.210	315.643
7	A	611.075	-80.749	-0.014	-80.763	234.880
8	Σ	2210.411	0.049	-0.049	0.000	
9	高差闭合差		f_h	0.049		
10	高差闭合差允许值		$f_{h允}$	$\pm 0.05\sqrt{\sum D_i^2}$ (m) = 0.055		

图 7 - 5　三角高程测量高差调整及高程计算

（2）路线总长和观测高差之和计算部分。

在 B8 和 C8 单元格中输入公式"=SUM(B4:B7)"和"=SUM(C4:C7)"，求出路线总长和所有观测高差之和。

（3）高差闭合差及其允许值计算部分。

在 C9 单元格中输入公式"=C8"，计算出该闭合水准路线的高差闭合差 f_h 为 0.049。在 D10 单元格中输入公式"= 0.05 * SQRT((B4/1000)^2 + (B5/1 000)^2 + (B6/1000)^2 + (B7/1000)^2)"，计算出高差闭合差的允许值 $f_{h允}$ 为0.055。$f_h < f_{h允}$，说明观测误差在容许范围之内，可以对高差闭合差进行分配。

（4）高差改正数计算部分。

按照与各测段路线长度成正比，反其符号分配的原则，将高差闭合差进行调整，在 D4 单元格中输入公式"= - \$C\$9 * B4/\$B\$8"，求出 AB 测段的高差改正数，将该公式进行复制，分别计算出各个测段的高差改正数，并对其进行求和。若其和为高差闭合差的相反数，则说明计算无误。

（5）改正后高差计算部分。

将每一测段的高差与其改正数求和，计算出该测段改正后的高差，在 E4 单元格输入公式"= C4 + D4"，求出 AB 测段的改正后高差，将该公式进行复制，分别计算出各个测段的改正后高差,并对其进行求和。若结果为 0,则说明计算无误。

(6) 各个待定水准点高程的计算部分。

根据求出的各个测段的改正后高差和已知点 A 的高程计算出各个待定水准点的高程,在 F4 单元格中输入公式"= F3 + E4",计算出 B 点高程,将该公式进行复制,分别计算出各个待定水准点的高程。最终计算出的 A 点高程应等于其已知值,说明该水准路线已经调整至闭合,整个计算无误。

7.3　练　习　题

1. 设在 A、B、C 三点之间进行三角高程测量,已知 A 点的高程为 102.34 m,如图 7 - 6 所示。图上已注明各点往返观测的斜距 S、垂直角 α、目标高 l 和各测站的仪器高 i。要求自行设计表格,调用函数并编辑公式计算各点间的水平距离和高差。由于三角形的边长较长,因此在计算高差时应进行两差改正,在三角形内计算高差闭合差,并按边长为比例进行高差闭合差的调整。

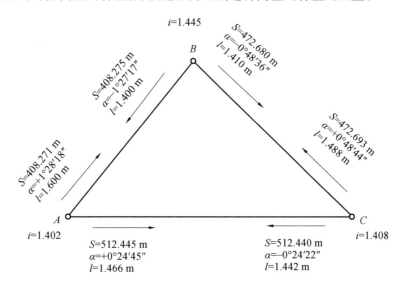

图 7 - 6　三角高程测量示意图

2. 设在 A、B 两点之间进行三角高程测量,已知 A、B 两点的高程分别为 270.16 m、286.28 m,如图 7 - 7 所示。图上已注明各点间往返观测的斜距 S、垂直角 α、目标高 l 和各测站的仪器高 i。要求自行设计表格,调用函数并编辑公式计算各点间的水平距离和高差。由于三角形的边长较长,因此在计算高差时应进行两差改正,在三角形内计算高差闭合差,并按边长为比例进行高差闭合差的调整。

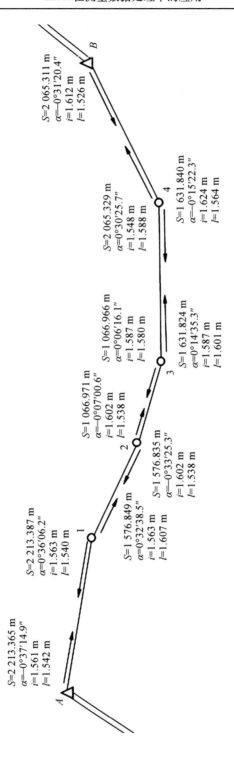

图 7-7 某测区三角高程测量示意图

3.三角高程路线上A、B两点间的平距$D_{AB} = 87.5$ m。由A向B直觇观测时,竖直角观测值$\alpha_1 = -12°00'09''$,仪器高$i = 1.561$ m,目标高$v_1 = 1.949$ m;由B向A反觇观测时,竖直角观测值$\alpha_2 = +12°22'23''$,仪器高$i = 1.582$ m,目标高$v_2 = 1.803$ m。已知A点高程$H = 800.00$ m,试计算AB边的高差及B点高程。

4.某碎部测量中采用视距测量法,其测量数据见表7-1。试根据所学知识,自行设计表格,调用函数并编辑公式,计算各碎部点的水平距离及高程。

表7-1　某碎部测量记录表

测站点:A　　　　　定向点:$BH_A = 42.95$ m　　$i_A = 1.48$ m　　$x = 0$

点号	视距间隔 l/m	中丝读数 v/m	竖盘读数 L	水平角 β
1	0.552	1.480	83°36′	48°05′
2	0.409	1.780	87°51′	56°25′
3	0.324	1.480	93°45′	247°50′
4	0.675	2.480	98°12′	261°35′

5.已知A点高程$H_A = 182.232$ m,在A点观测B得竖直角为$18°36'48''$,量得A点仪器高为1.452 m,B点棱镜高1.673 m。在B点观测A点得竖直角为$-18°34'42''$,B点仪器高为1.466 m,A点棱镜高为1.615 m。已知$D_{AB} = 486.751$ m,要求自行设计表格,调用函数并编辑公式计算h_{AB}和H_B。

第 8 章 Excel 在导线测量中的应用

8.1 导线坐标计算的原理

在平面控制测量中,导线是常用的布网方案,导线的基本布网形式有闭合导线、附合导线和支导线,由此构成导线网。下面介绍每一种导线的平差及坐标计算原理。

8.1.1 闭合导线坐标计算原理

闭合导线是从一个已知控制点出发,经过一系列观测,再回到该点上,形成一个闭合的多边形。闭合导线坐标计算的原理如下。

(1) 角度闭合差的计算及改正。

n 边形闭合导线转折角(内角)β 之和的理论值为

$$\sum \beta_{\text{理}} = (n - 2) \times 180° \qquad (8 - 1)$$

由于导线测量中水平角观测误差的存在,因此闭合导线观测内角之和与理论值不等,由此产生的角度之差为角度闭合差(方位角闭合差),用 f_β 表示,有

$$f_\beta = \sum \beta_{\text{测}} - \sum \beta_{\text{理}} = \sum \beta_{\text{测}} - (n - 2) \times 180° \qquad (8 - 2)$$

若计算出来的角度闭合差在允许的精度范围之内,则将其反符号平均分配到转折角的观测值中,并将其余数分配到短边上,得到角度闭合差改正值。若其和为 $-f_\beta$,则说明计算无误。

(2) 方位角推算。

在转折角(左角)经调整之后,可对方位角进行推算,从第一条边的已知方位角 α 出发,由此推算出其他各边的坐标方位角,公式为

$$\alpha_{\text{前}} = \alpha_{\text{后}} \mp 180° \pm \beta_{\text{左}} \qquad (8 - 3)$$

由此算出的方位角若超过 360°,则减去 360°;若小于 0°,则加上 360°。

(3) 坐标增量的推算。

在坐标方位角 α 的基础上,利用已测出的导线边平距 D,即可计算出各导线边的坐标增量 Δx、Δy,其公式为

$$\begin{cases} \Delta x = D\cos \alpha \\ \Delta y = D\sin \alpha \end{cases} \qquad (8 - 4)$$

（4）坐标增量闭合差及其调整。

对于闭合导线，X、Y 方向上坐标增量之和均为零，由于距离观测误差的存在，因此由平距和方位角计算出来的坐标增量有误差，从而产生了 X、Y 方向上的坐标增量闭合差 f_x、f_y，其公式为

$$\begin{cases} f_x = \sum \Delta x_{测} - \sum \Delta x_{理} = \sum \Delta x_{测} \\ f_y = \sum \Delta y_{测} - \sum \Delta y_{理} = \sum \Delta y_{测} \end{cases} \quad (8-5)$$

坐标增量闭合差的存在致使导线不闭合，即导线的起点和终点不重合，这两点之间的距离即导线全长闭合差 f，其公式为

$$f = \sqrt{f_x^2 + f_y^2} \quad (8-6)$$

导线全长闭合差与导线全长的比值即导线全长相对闭合差，用 K 来表示，其常常化为分子为 1 的形式，即

$$K = \frac{f_x}{\sum D} = \frac{1}{\dfrac{\sum D}{f_x}} \quad (8-7)$$

在导线全长相对闭合差符合精度要求的前提下，方可进行坐标增量闭合差的调整，按"反其符号，与边长成正比"的原则将闭合差分配至各坐标增量，使得改正后的坐标增量之和为零。各坐标增量的改正数计算公式为

$$\begin{cases} \delta_{x_i} = -\dfrac{f_x}{\sum D} D_i \\ \delta_{y_i} = -\dfrac{f_y}{\sum D} D_i \end{cases} \quad (8-8)$$

式中，δ_{xi} 为第 i 条边 X 坐标增量的改正数；δ_{yi} 第 i 条边 Y 坐标增量的改正数；D_i 为第 i 条边的边长；$\sum D$ 为导线全长。

X、Y 坐标增量改正数之和要满足

$$\sum \delta_{xi} = -f_x$$

$$\sum \delta_{yi} = -f_y$$

（5）导线点坐标计算。

设导线两相邻点为 i、j，则由 i 点的坐标及 i、j 两点间改正后的坐标增量 $\Delta x'_{i,j}$、$\Delta y'_{i,j}$ 推算 j 点的坐标公式为

$$\begin{cases} x_j = x_i + \Delta x_{i,j} \\ y_j = y_i + \Delta y_{i,j} \end{cases} \quad (8-9)$$

导线点的坐标计算由已知点出发，依次推算各待定导线点的坐标，最终再计算回已知点，这时应与已知点的坐标相等，以此作为检核。

8.1.2　附合导线坐标计算原理

如图 8 - 1 所示,附合导线是从一个已知控制点 B 出发,经过一系列观测,附合到另外一个已知的控制点 C 上。附合导线平差和坐标计算的原理如下。

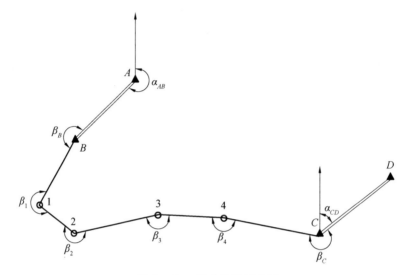

图 8 - 1　附合导线示意图

(1) 角度闭合差的计算及改正。

虽然附合导线不构成闭合多边形,但也存在角度闭合差,它是根据两端已知点间的坐标、观测的转折角和连接角经过计算得到的,其计算过程如下。

如图 8 - 1 所示,已知 A、B、C、D 四点的坐标,根据坐标反算,分别得到起始边 AB 和终止边 CD 的坐标方位角 α_{AB} 和 α_{CD}。图中的转折角和连接角均为右角,利用起始边 AB 的坐标方位角和观测角,按下式可以依次推算各个边的坐标方位角,直至终止边的坐标方位角。计算过程为

$$\alpha_{B1} = \alpha_{AB} + 180° - \beta_B$$

$$\alpha_{12} = \alpha_{B1} + 180° - \beta_1$$

$$\alpha_{23} = \alpha_{12} + 180° - \beta_2$$

$$\alpha_{34} = \alpha_{23} + 180° - \beta_3 \qquad (8-10)$$

$$\alpha_{4C} = \alpha_{34} + 180° - \beta_4$$

$$\alpha_{CD} = \alpha_{4C} + 180° - \beta_C$$

将上式等号左右相加,得到

$$\alpha_{CD} = \alpha_{AB} + 6 \times 180° - \sum \beta \qquad (8-11)$$

若观测的转折及连接角不存在误差，则上式是成立的。因此，上式中的 $\sum \beta$ 是理论值，其一般表达式为

$$\sum \beta_{理} = \alpha_{始} - \alpha_{终} + n \cdot 180° \qquad (8-12)$$

若观测的转折角为左角，则其一般表达式为

$$\sum \beta_{理} = \alpha_{终} - \alpha_{始} + n \cdot 180° \qquad (8-13)$$

但由于测量误差的存在，导线不能完全附合至 CD 边，因此产生的角度之差称为角度闭合差（又称方位角闭合差），用 f_β 表示，其公式为

$$f_\beta = \sum \beta_{测} - \sum \beta_{理} = \sum \beta_{右}^{左} \pm (\alpha_{始} - \alpha_{终}) - n \cdot 180° \qquad (8-14)$$

若计算出来的角度闭合差在允许的精度范围之内，则将其反符号平均分配到转折角的观测值中，并将其余数分配到短边上，得到角度闭合差改正值。若其和为 $-f_\beta$，则说明计算无误。

（2）方位角推算。

与闭合导线相同。

（3）坐标增量的推算。

与闭合导线相同。

（4）坐标增量闭合差及其调整。

对于附合导线，X、Y 方向坐标增量之和应为终止点与起始点的坐标差，但由于观测误差存在，因此产生了坐标增量闭合差 f_x、f_y，其公式为

$$\begin{cases} f_x = \sum \Delta x_{测} - \sum \Delta x_{理} = \sum \Delta x_{测} - (x_{终} - x_{始}) \\ f_y = \sum \Delta y_{测} - \sum \Delta y_{理} = \sum \Delta y_{测} - (y_{终} - y_{始}) \end{cases} \qquad (8-15)$$

导线全长闭合差 f、导线全长相对闭合差 K 的计算、坐标增量闭合差的调整和检验与闭合导线完全相同。

（5）导线点坐标的计算和检核。

与闭合导线完全相同。

8.1.3　支导线坐标计算原理

支导线的坐标平差计算步骤包括推算导线各边方位角（式(8-3)）、计算各边坐标增量（式(8-4)）和推算各导线点坐标（式(8-9)）。

支导线没有多余观测值，因此没有角度检核条件，不产生角度闭合差，观测值的差错不易发觉，所以计算时必须再次检核。

8.2　Excel 在闭合导线平差计算中的应用

在校园内,从已知点 *A* 出发布设一闭合导线,区内建筑物比较密集,地形起伏较大,根据测区内两已知控制点,参照实际情况,现场踏勘并选定 6 个图根控制点,其中 *A*、*D* 为已知点,并将其均匀布设于测区,如图 8 – 2 所示。采用全站仪进行测量,导线控制测量的相关技术要求执行《工程测量规范》(GB 50027—2007)的规定。Excel 在闭合导线平差计算中的具体应用过程如下。

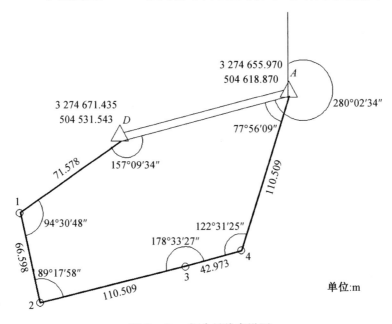

图 8 – 2　闭合导线布设图

(1)数据输入。

根据导线形式和计算特点,设计表格如图 8 – 3 所示,将已知数据和观测数据输入表中相应位置,如图中阴影部分所示。在 A5 ~ A11 单元格区域中输入所布设的导线点名称;在 C6 ~ E11 单元格区域中输入所测转折角(左角)值,以"度分秒"的格式输入,度、分、秒各占一单元格;在 J6 至 J11 单元格区域中输入所测各导线边的边长值;在 Q5、R5 和 Q6、R6 单元格中输入已知点 *A*、*D* 的坐标。

(2)角度闭合差的计算及调整。

为便于计算,首先将"度分秒"形式的转折角化为"度小数"形式,在 F6 单元格中输入函数"＝C6 + D6/60 + E6/3600"，将 157°9′34″ 化为度小数形式的角度，用鼠标拉拽复制公式将其余各角也化为度小数形式，如图中 F6 ～ F11 所示。再利用 SUM 函数在 F13 单元格中计算所测的各转折角总和。

由式(8 - 1)得出所测闭合路线内角和的理论值为 720°，根据求得的转折角之和的观测值，再根据式(8 - 2)在 I16 单元格中得到角度闭合差 f_β 为 - 39″，在容许值 98″ 范围之内，如单元格 I17 所示，将其反符号平均分配到转折角的观测值中，如图中单元格区域 G6 ～ G11 所示。各转折角加上角度闭合差改正数即为改正后角值，如图中单元格区域 H6 ～ H11 所示。在单元格 G13 中输入函数"＝SUM(G6:G11)"，求出所有改正数之和，若其等于 - f_β，则说明计算无误。

测站	左角β °	′	″	左角 十进制	改正数 ″	改正后角度 十进制	方位角 十进制	边长/m	坐标增量 ΔX	ΔY	坐标增量改正 δx	δy	改正后坐标增量 ΔX′	ΔY′	改正后坐标 X	Y	测站
															闭合导线平差计算表		
A							280.043								3274655.970	504618.870	A
D	157	9	34	157.159	6.50	157.161	257.204	88.686	-19.642	-86.483	-0.005		-19.640	-86.488	3274636.330	504532.382	D
1	94	30	48	94.513	6.50	94.515	171.719	71.578	-70.832	10.309	0.002	-0.004	-70.830	10.305	3274565.500	504542.687	1
2	89	17	58	89.299	6.50	89.301	81.020	66.598	10.395	65.782	0.001	-0.004	10.396	65.778	3274575.896	504608.466	2
3	178	33	27	178.558	6.50	178.559	79.580	110.509	19.987	108.686	0.002	-0.006	19.990	108.681	3274595.885	504717.146	3
4	122	31	25	122.524	6.50	122.525	22.105	42.973	39.814	16.171	0.001	-0.002	39.815	16.169	3274635.701	504733.315	4
A	77	56	9	77.936	6.50	77.938	280.043	116.212	20.267	-114.439	0.002	-0.006	20.269	-114.445	3274655.970	504618.870	A
Σ				719.989	-39.00	720	891.671	496.564	-0.011	0.026	0.011	-0.026	0.000	0.000			

角度闭合差改正计算：　　　　　　坐标增量闭合差计算：　　　　　导线相对闭合差计算：

内角个数 n = 6　　　　　　　　　$f_x = \sum\Delta x_{测} = -0.011$　　　$f = \sqrt{f_x^2 + f_y^2} = 0.028$

$f_\beta = \sum\beta_{测} - (内角个数 - 2)\times180° = -39$　　　$f_y = \sum\Delta y_{测} = 0.026$　　　$K = f/\sum D = 1/17734$

$f_{\beta容} = 40''\sqrt{n} = \pm98$　　　　　　　　　　　　　　　　　　　$K_容 = 1/2000$

计算：　　　　　　　　　　　　检查：　　　　　　　　　　　　日期：

图 8 - 3　　闭合导线坐标计算界面

（3）坐标方位角的计算。

首先，根据测区已知控制点 A、D 标利用函数"DEGREES((PI() ∗ (1 - SIGN($Y_A - Y_D$)/2) - ATAN(($X_A - X_D$)/($Y_A - Y_D$))))"反算出导线边 AD 的坐标方位角 α_{AD}，再根据式(8 - 3)，在单元格 I6 中编辑公式"＝IF(I5 + H6 - 180 < 0, I5 + H6 + 180, IF(I5 + H6 - 180 > = 360, I5 + H6 - 540, I5 + H6 - 180))"，求出导线边 D1 的坐标方位角 α_{D1}，利用 Excel 中的自动填满功能，当鼠标变为"十字形"时向下拖拽，即可求得其他导线边的坐标方位角，如图中单元格区域 I6 ～ I11 所示。若最终推算出的导线边 AD 的坐标方位角 α_{AD} 与已知点 A、D 点坐标反算出的方位角值相同，则说明计算无误。

（4）坐标增量闭合差及其调整。

根据求得的坐标方位角、所测导线边边长及式(8 - 4)，在 K6、L6 单元格中分别编辑公式"＝J6 ∗ COS(RADIANS(I6))""＝J6 ∗ SIN(RADIANS(I6))"，即可求出 A、D 两点间的坐标增量 ΔAD，再用自动填满功能依次求出其他相邻两点间的坐标增量,如图中单元格区域 K6 ~ L11 所示。

由求出的坐标增量及式(8 - 5),利用 SUM 函数分别在 K13、L13 单元格中求得 X、Y 方向上的坐标增量闭合差 f_x、f_y。进而由式(8 - 6) 在单元格 R14 中输入公式"(O14^2 + P14^2)^0.5",求得导线全长闭合差。再由式(8 - 7) 在单元格 R16 中求出导线全长相对闭合差 K 为 1/17 953,在容许范围 1/2 000 之内。

按式(8 - 8) 计算各坐标增量的改正数,分别在 M6、N6 单元格中编辑函数"= - M $ 15/ $ J $ 13 * J6""= - M $ 16/ $ J $ 13 * J6",求出 A、D 间坐标增量改正数,再用自动填满功能依次求出其他相邻两点间的坐标增量改正数,如图中单元格区域 M6 ~ M11、N6 ~ N11 所示,利用 SUM 函数分别在单元格 M13、N13 中求出 X、Y 方向的坐标增量改正数之和,若二者分别等于 f_x、f_y 的相反数,则说明计算无误。

根据求得的坐标增量及其改正数对二者进行求和,即为改正后的坐标增量,如图中单元格区域 O6 ~ O11、P6 ~ P11 所示。用 SUM 函数将改正后的坐标增量相加,得其值为零,如单元格 O14、P14 所示,则说明计算无误。

(5) 导线点坐标计算。

根据导线起算点 A 的坐标及 A、D 两点间改正后的坐标增量,二者相加即得 D 点的坐标,再用自动填满功能求出其他依次导线点的坐标,最后推算回 A 点,若推算出的坐标与已知坐标相等,则计算无误。

8.3　Excel 在附合导线平差计算中的应用

如图 8 - 4 所示,从已知点 B 出发布设一附合导线,经 1、2、3、4 四个待定导线点,附合至 C 点,已知 B、C 两点的坐标和 AB、CD 的坐标方位角,采用全站仪测量其角度和距离,导线控制测量的相关技术要求执行《工程测量规范》(GB 50027—2007) 的规定。

Excel 在附合导线平差计算中的具体应用过程如下。

(1) 数据输入。

根据导线形式和计算特点,设计表格如图 8 - 5 所示,将已知数据和观测数据输入表中相应位置,如图中阴影部分所示。在 A6 ~ A11 单元格区域中输入所布设的导线点名称;在 B6 ~ B11、C6 ~ C11、D6 ~ D11 单元格区域中输入所测转折角(右角)值,以"度分秒"的格式输入,度、分、秒各占一单元格;在 I6 ~ I11 单元格区域中输入所测各导线边的边长值;在 P6 ~ P13 和 Q6 ~ Q13 单元格区域中输入已知点 B、C 的坐标。

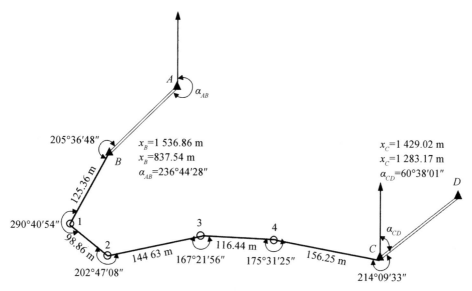

图 8 - 4　附合导线示意图

测站	右角β			右角	改正数	改正后角度	方位角	边长/m	坐标增量		坐标增量改正		改正后坐标增量		改正后坐标		测站
	°	′	″	十进制	″	十进制	十进制		△X	△Y	δ_X	δ_Y	△X′	△Y′	X	Y	
A							236.741										A
B	205	36	48	205.613	-12.83	205.610	211.131	125.36	-107.306	-64.811	0.035	-0.023	-107.272	-64.834	1536.86	837.54	B
1	290	40	54	290.682	-12.83	290.678	100.453	98.76	-17.918	97.121	0.027	-0.018	-17.891	97.103	1429.588	772.706	1
2	202	47	8	202.786	-12.83	202.782	77.671	144.63	30.881	141.295	0.040	-0.026	30.921	141.268	1411.697	869.809	2
3	167	21	56	167.366	-12.83	167.362	90.309	116.44	-0.628	116.438	0.032	-0.021	-0.596	116.417	1442.619	1011.077	3
4	175	31	25	175.524	-12.83	175.520	94.789	156.25	-13.045	155.704	0.043	-0.028	-13.002	155.676	1442.022	1127.494	4
C	214	9	33	214.159	-12.83	214.156	60.634								1429.020	1283.170	C
D																	D
															1429.02	1283.17	C
Σ	1256°07′44″			1256.129	-77	1256.1075		641.440	-108.017	445.747	0.177	-0.117	-107.840	445.630			

已知方位角		角度闭合差改正计算	坐标增量闭合差计算	导线相对闭合差计算
α_AB =	236 44 28	236.741	$f_\beta = \alpha_{AB} - \alpha_{CD} + \Sigma\beta_内 - n \times 180 =$ 77.00	$f_x = \Sigma\triangle x_测 =$ -0.177	$f = \sqrt{f_x^2 + f_y^2} =$ 0.212
α_CD =	60 38 1	60.634	$f_容 = 40''\sqrt{n} = \pm 98$	$f_y = \Sigma\triangle y_测 =$ 0.117	$K = f/\Sigma D =$ 1/3025
					$K_容 = 1/2000$
	计算:	检查:	日期:

图 8 - 5　附合导线坐标计算界面

（2）角度闭合差的计算及调整。

为便于计算，首先将"度分秒"形式的转折角化为"度小数"形式，在 F6 单元格中输入函数"= B6 + C6/60 + D6/3600"，将 205°36′48″化为"度小数"形式的角度，用鼠标拉拽复制公式将其余各角也化为"度小数"形式，如图中 F6 ~ F11 所示，再利用 SUM 函数在 F13 单元格中求出各转折角之和。

由上述求得的转折角之和，再根据式（7 - 14）在 I16 单元格中得到角度闭合差 f_β 为 - 77″，在容许值范围之内，如单元格 I17 所示，将其反符号平均分配到转折角的观测值中，如图中单元格区域 F6 ~ F11 所示。各转折角加上角度闭合差改正数即为改正后角值,如图中单元格区域 G6～G11 所示。在单元格 F14 中输入函数"–SUM(F6:F11)",求出所有改正数之和,其值等于 $-f_\beta$,说明计算无误。

(3)坐标方位角的计算。

根据已知边 AB、CD 的坐标方位角 α_{AB} 和 α_{CD},分别在单元格 E16 和 E17 中将其化为"度小数"的形式,再根据式(8 – 3)在单元格 H6 中编辑公式"= IF(H5 – G6 + 180 < 0,H5 – G6 + 180 + 360,IF(H5 – G6 + 180 > = 360,H5 – G6 + 180 – 360,H5 – G6 + 180)))",求出导线边 $B1$ 的坐标方位角 α_{B1},利用 Excel 中的自动填满功能,当鼠标变为"十字形"时向下拉,即可求得其他导线边的方位角,如图中单元格区域 H6～H11 所示。若最终推算出的导线边 CD 的坐标方位角 α_{CD} 与由已知点坐标推算出来的角值相同,则计算无误。

(4)坐标增量闭合差及其调整。

据坐标方位角和边长,在 J6、K6 中分别输入函数"= I6 ∗ COS(RADIANS(H6))"和"= I6 ∗ SIN(RADIANS(H6))",得到 $B1$ 边的坐标增量 ΔX_{B1}、ΔY_{B1}。同理,求出其余边坐标增量,根据式(8 – 4)在 M16、M17 单元格中计算 f_x、f_y,其值分别为 – 0.177、0.117,得到 f 为 0.212。在此基础上,得到 K 为 1/3 025,小于其限差 1/2 000。

分别在 L6、M6 单元格中输入函数"=– $M$16/ $I$14 ∗ I6"和"=– $M$17/ $I$14 ∗ I6"得到 $B1$ 边在 X、Y 方向上的坐标增量改正数。同理,求出其余边坐标增量改正数,得到 X、Y 方向上的坐标增量改正数之和分别为 0.177、– 0.117,分别等于 $-f_x$、$-f_y$,说明计算无误。

将坐标增量及其改正数进行求和,即为改正后的坐标增量,如 N6～N11、O6～O11 单元格区域所示,得到 X、Y 方向改正后的坐标增量之和分别为终止点和起始点的 X、Y 坐标差,说明计算无误。

(5)导线点坐标计算。

由点 B 坐标及相邻两点间的改正后坐标增量,按式(8 – 9)依次求出各导线点坐标,求出的 C 点坐标如 P11、Q11 所示,若等于其已知坐标,则说明计算无误。

8.4　Excel 在支导线平差计算中的应用

如图 8 – 6 所示,从已知点 C 出发布设一支导线,经 T_1、T_2、T_3 三个待定导线点,已知起始点 C 的坐标 $X_C = 282.291$,$Y_C = 744.320$,起始方位角 $\alpha_{DC} =$

$209°45'43''$，观测数据 $D_{C1} = 127.747$、$\beta_C = 143°33'12''$、$D_{12} = 128.096$、$\beta_1 = 284°19'39''$、$D_{23} = 126.614$、$\beta_2 = 210°40'15''$。

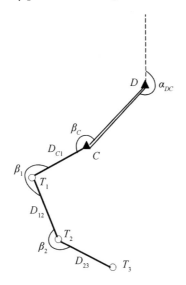

图 8 - 6　支导线示意图

Excel 在支导线平差计算中的具体应用过程如下。

（1）数据输入。

根据导线形式和计算特点，设计表格如图 8 - 7 所示，将已知数据和观测数据输入表中相应位置，如图中阴影部分所示，在 A6 ~ A9 单元格区域中输入所布设的导线点名称；在 B6 ~ B8、C6 ~ C8、D6 ~ D8 单元格区域中输入所测转折角（右角）值，以"度分秒"的格式输入，度、分、秒各占一单元格；在 G6 ~ G8 单元格区域中输入所测导线边的边长值；在 J6、K6 单元格中输入已知点 C 的坐标。

（2）坐标方位角的计算。

首先将"度分秒"形式的转折角和方位角化为"度小数"形式，如单元格 E6 ~E8 和 F5 所示，根据已知方位角 α_{DC} 和式（8 - 3），在单元格 F6 中编辑公式" = IF(F5 - E6 + 180 < 0,F5 - E6 + 180 + 360,IF(F5 - E6 + 180 > = 360,F5 - E6 + 180 - 360,F5 - E6 + 180))"，求出导线边 C1 的坐标方位角 α_{C1}。利用 Excel 中的自动填满功能，当鼠标变为"十字形"时向下拉，即可求得其他导线边的方位角，如图中单元格区域 F6 ~ F8 所示。

（3）坐标增量的计算。

据坐标方位角和边长，在 H6、I6 中分别输入函数" = G6 * COS(RADIANS(F6))"和" = G6 * SIN(RADIANS(F6))"，得到 C_1 边的坐标增

	A	B	C	D	E	F	G	H	I	J	K	L
1 2	**支导线平差计算表**											
3	**测站**	**右角 β**			**右角**	**方位角**	**边长/m**	**坐标增量**		**改正后坐标**		**测站**
4		**°**	**′**	**″**	**十进制**	**十进制**		**ΔX**	**ΔY**	**X**	**Y**	
5	***D***					209.762						***D***
6	***C***	**143**	**33**	**12**	143.553	246.209	**127.747**	-51.534	-116.891	**282.291**	**744.320**	***C***
7	T_1	**284**	**19**	**39**	284.328	141.881	**128.096**	-100.777	79.073	230.757	627.429	T_1
8	T_2	**210**	**40**	**15**	210.671	111.210	**126.614**	-45.808	118.037	129.980	706.502	T_2
9	T_3									84.172	824.539	T_3
10	α_{DC}=	**209**	**45**	**43**								
11					计算：			检查：			日期：	

图 8－7　支导线坐标计算界面

量 ΔX_{C1}、ΔY_{C1}。同理，求出其余边坐标增量。

(4) 导线点坐标计算。

由点 C 坐标及相邻两点间的改正后坐标增量，按式(8－9) 依次求出各导线点坐标如单元格 J6 ～ J9、K6 ～ K9 所示。

从以上 Excel 在导线平差计算中的实例可以看出，Excel 在复杂导线平差中的应用简便灵活，其在满足精度的同时，大大提高了计算速度。同样的计算公式，只需编辑一次，其余只需利用 Excel 自动填满功能即可。一次导线平差完成后，以后类似导线只需要改变外业测量数据和已知数据，无须重复计算。

8.5　练　习　题

1. 支导线 $A-B-C1-C2-C3-C4$ 如图 8－8 所示。其中，A、B 为坐标已知的点，$C1$ ～ $C4$ 为待定点。已知点坐标、导线的边长和角度观测值(左角)如图中所示，试根据所学内容自行设计表格，调用函数并编辑公式，计算各待定导线点的坐标。

2. 闭合导线 $A-B-J1-J2-J3-J4$ 如图 8－9 所示。其中，A 和 B 为坐标已知的点，$J1$ ～ $J4$ 为待定点。已知点坐标、导线的边长和角度观测值如图中所示，试根据所学内容自行设计表格，调用函数并编辑公式，计算各待定导线点的坐标。

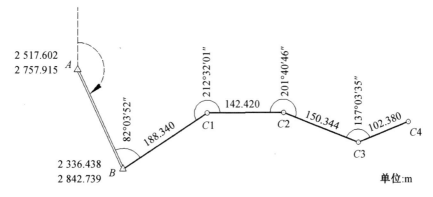

图 8 - 8　支导线计算练习题

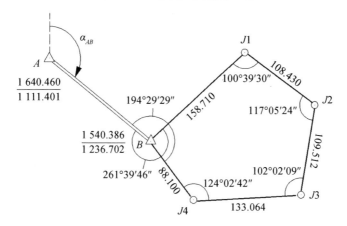

图 8 - 9　闭合导线计算练习题

3. 附合导线 $AB123CD$ 中 A、B、C、D 为高级点，已知 $\alpha_{AB} = 48°48'48''$，$x_B = 1\,438.38$ m，$y_B = 4\,973.66$ m，$\alpha_{CD} = 331°25'24''$，$x_C = 1\,660.84$ m，$y_C = 5\,296.85$ m。测得导线左角 $\angle B = 271°36'36''$，$\angle 1 = 94°18'18''$，$\angle 2 = 101°06'06''$，$\angle 3 = 267°24'24''$，$\angle C = 88°12'12''$。测得导线边长 $D_{B1} = 118.14$ m，$D_{12} = 172.36$ m，$D_{23} = 142.74$ m，$D_{3C} = 185.69$ m。试根据题意自行设计表格，调用 Excel 函数并编辑公式，计算 1、2、3 点的坐标值。

4. 附合导线 $A - B - 1 - 2 - 3 - 4 - C - D$ 如图 8 - 10 所示。其中，A、B、C、D 为坐标已知的点，1 ~ 4 为待定点。已知点坐标、导线边长和角度观测值如图中所示，试根据所学内容自行设计表格，调用函数并编辑公式，计算各待定导线点的坐标。

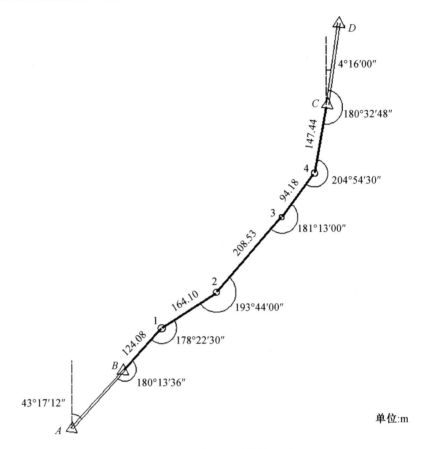

图 8 – 10　附合导线计算练习题

5. 某一附合导线如图 8 – 11 所示,B、C 的坐标以及 AB 和 CD 的坐标方位角已知,起算数据为

$$x_B = 200.00 \text{ m}, \quad x_C = 200.00 \text{ m}, \quad \alpha_{AB} = 45°00'00''$$

$$y_B = 200.00 \text{ m}, \quad y_C = 200.00 \text{ m}, \quad \alpha_{CD} = 116°44'48''$$

观测数据为

$$\beta_B = 120°30'00''$$

$$\beta_2 = 212°15'30'', \quad D_{B2} = 297.26 \text{ m}$$

$$\beta_C = 170°18'30'', \quad D_{23} = 297.26 \text{ m}$$

$$\beta_3 = 145°10'00'', \quad D_{3C} = 297.26 \text{ m}$$

试根据题意自行设计表格,利用导线平差的原理,调用 Excel 函数并编辑公式,计算导线各点的坐标。

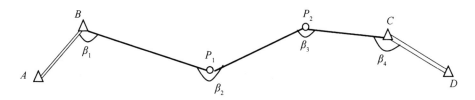

图 8 - 11　附合导线示意图

6. 测量某闭合导线,其观测值和已知值见表 8 - 1。试根据题意自行设计表格,调用 Excel 函数并编辑公式,计算闭合导线各点的坐标值。

表 8 - 1　闭合导线坐标计算

点号	角度观测值(右角)	坐标方位角	边长 /m	坐标	
				x/m	y/m
1				2 000.00	2 000.00
		69°45′00″	103.85		
2	139°05′00″				
			114.57		
3	94°15′54″				
			162.46		
4	88°36′36″				
			133.54		
5	122°39′30″				
			123.68		
1	95°23′30″				

第9章　Excel 在圆曲线测设中的应用

9.1　圆曲线测设的原理

在道路工程测量中,当路线由一个方向转向另一个方向时,在平面内需要用曲线来连接。曲线的形式多样,其中最常用的是圆曲线。圆曲线测设包括两个步骤:圆曲线主点测设和详细测设。首先对圆曲线上具有控制地位的主点进行测设,然后根据主点进行详细测设,即在主点之间进行加密,按桩距测设各加密桩点。

通常情况下,当地形变化较小,圆曲线的长度在 40 m 之内时,只需测设圆曲线上的三个主点即能满足设计、施工的需要。但若地形起伏较大或圆曲线的长度较长,则为在地面上较为确切地反映曲线的形状,曲线主要点定出后,还要测设加密曲线桩,即在圆曲线上按一定的桩距测设整桩和加桩,以控制圆曲线的形状,满足工程需求。这个过程称为圆曲线的详细测设。其中,整桩和加桩称为圆曲线的辅点。圆曲线详细测设的方法较多,较为常用的是偏角法和切线支距法。

9.1.1　圆曲线主点测设

1. 主点测设元素的计算

如图9-1所示,当道路方向发生变化时,需要在其间设计平面圆曲线 ZY - QZ - YZ。其中,直圆点 ZY、曲中点 QZ、圆直点 YZ 称为圆曲线主点。要在实地放样这些圆曲线主点,需要计算曲线长 L、切线长 T、外矢距 E 和切曲差 J,这些元素称为主点测设元素。

图中的半径 R 根据道路等级和地形条件选定,转角 α 由图纸提供或路线定测时实测。从图9-1中可知,主点测设元素的计算公式可以表示如下。

切线长为

$$T = R\tan\frac{\alpha}{2} \tag{9-1}$$

曲线长为

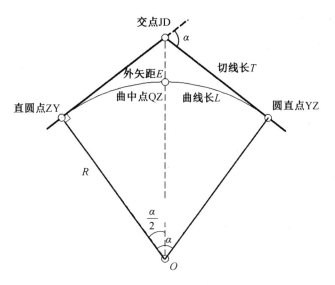

图 9 - 1　圆曲线

$$L = R\alpha \frac{\pi}{180°} \qquad (9-2)$$

外矢距为

$$E = \frac{R}{\cos \frac{\alpha}{2}} - R = R\left(\frac{1}{\cos \frac{\alpha}{2}} - 1\right) \qquad (9-3)$$

切曲差为

$$J = 2T - L \qquad (9-4)$$

2. 主点桩号（里程）的计算

在中线测量时，交点(JD)的里程桩号是实际测量的。由于道路中线不经过交点，因此圆曲线主点的里程桩号是通过交点的桩号和圆曲线测设元素经过推算得到的，其计算公式为

$$ZY 桩号 = JD 桩号 - T \qquad (9-5)$$

$$QZ 桩号 = ZY 桩号 + \frac{L}{2} \qquad (9-6)$$

$$YZ 桩号 = QZ 桩号 + \frac{L}{2} \qquad (9-7)$$

为保证计算的正确性，可以根据下式进行计算检核，即

$$YZ 桩号 = JD 桩号 + T - J \qquad (9-8)$$

3. 主点测设

（1）曲线起点（ZY）的测设。

经纬仪安置在 JD 点，后视相邻交点，按视线方向测设切线长 T，即为 ZY 点。

（2）曲线终点（YZ）的测设。

经纬仪前视相邻交点，按视线方向测设切线长 T，即为 YZ 点。

（3）曲线中点（QZ）的测设。

测设路线转折角的分角线方向（曲线中点方向），测设外矢距 E，即为 QZ 点。

9.1.2 偏角法圆曲线详细测设

1. 偏角法测设数据计算

偏角法通过偏角（弦切角）和距离（弦长）来放样曲线。偏角就是曲线上各点与 ZY 点（或 YZ 点）的连线对 ZY 点（或 YZ 点）切线所偏转的角度。

在进行偏角法测设之前，首先要计算加密曲线桩各点的偏角值。如图 9 - 2 所示，偏角 δ_i 在几何上称为弦切角。根据弦切角等于弧长所对圆心角的一半，其公式为

$$\delta_i = \frac{1}{2} \cdot \frac{l_i}{R} \cdot \frac{180°}{\pi} \tag{9 - 9}$$

式中　l_i—— 曲线上点 i 至 ZY 点（或 YZ）的弧长。

实际工作中，常常每隔弧长 l_0 放样一曲线点，l_0 可为 5 m、10 m、20 m 等。工作中，有时为了测量与施工的方便，一般要求圆曲线测设点的里程尾数为 00、20、40 等 20 的整倍数（如果 $l_0 = 10$ m，则为 10 m 的整倍数）。但曲线的起点 ZY（或终点 YZ）及曲中点 QZ 的里程却并不一定是 20 m（或 10 m）的整倍数，所以在曲线两端就会出现小于 20 m 的弦，这样的弦称为分弦。若半条圆曲线首末两端的分弦以 l_1 及 l_n 表示，则其加密曲线桩各点对应的偏角公式为

$$
\begin{cases}
\delta_1 = \dfrac{l_1}{2R} \cdot \dfrac{180°}{\pi} \\[2mm]
\delta_2 = \dfrac{l_1 + l_0}{2R} \cdot \dfrac{180°}{\pi} = \delta_1 + \delta \\[2mm]
\delta_3 = \delta_1 + 2\delta \\[1mm]
\vdots \\[1mm]
\delta_n = \delta_1 + (n - 2)\delta + \dfrac{l_n}{2R} \cdot \dfrac{180°}{\pi}
\end{cases}
\tag{9 - 10}
$$

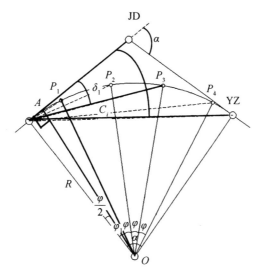

图 9 - 2　偏角法

所有 δ_i 之和应该为 α 的一半,以此作为计算检核。

因为道路圆曲线的半径 R 一般都比较大,相对来说,l_0 比较小,故认为弦长与弧长相等。各点对应的弦长公式为

$$C_i = 2R \cdot \sin \frac{\varphi_i}{2} = 2R \cdot \sin \delta_i \qquad (9-11)$$

最后一点的弦长 C_n 应等于 $2R\sin \dfrac{\alpha}{2}$,以此作为计算检核。

2. 偏角法测设步骤

(1) 在曲线起点 ZY 上安置经纬仪或全站仪,瞄准交点 JD,设置水平读盘读数为 $0°00'00''$。

(2) 转动仪器,使读盘读数为 δ_1,在此方向上放样出距离 C_1,标定出 P_1 点。

(3) 再次转动仪器照准部,使读盘读数为 δ_2,在此方向上放样出距离 C_2,标定出 P_2 点,依此类推,放样出 P_i 点。

(4) 测设曲线终点与 YZ 点进行检核,若此点与 YZ 点不重合,其闭合差不应超过以下规定:半径方向不超过 ± 0.1 m,切线方向不超过 $L/1\ 000$。若测设满足上述精度要求,则对各点按与距离成正比例关系进行点位调整;否则,应对测设点进行检查,修正粗差点和错误点。由于测量误差具有累积特性,因此为保证放样的精度,可以将全站仪或经纬仪架设在 ZY 点或 YZ 点上,分别向 QZ 点进行曲线放样,以减弱测量误差的累积。另外,也可以测设曲线中点 QZ 作为检核条件。

9.1.3　切线支距法圆曲线详细测设

如图 9 - 3 所示,切线支距法以曲线的 ZY 或 YZ 点为原点,以切线为 x 轴,以过原点的半径为 y 轴建立坐标系。

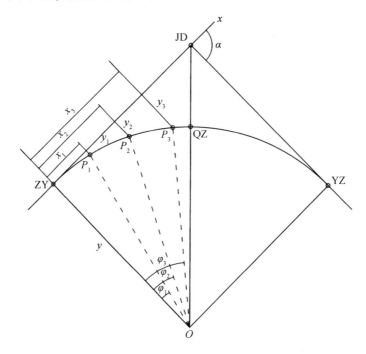

图 9 - 3　切线支距法

1. 测设数据计算

假设 P_i 为圆曲线上一放样点,l_i 为圆曲线起点 ZY 至 P_i 之间的弧长,φ_i 为 l_i 对应的圆心角,圆曲线的半径设为 R。在上述建立的坐标系中,测设点 P_i 的坐标公式为

$$x_i = R \cdot \sin \varphi_i \qquad (9 - 12)$$

$$y_i = R \cdot (1 - \cos \varphi_i) \qquad (9 - 13)$$

2. 测设步骤

(1) 根据曲线测设数据资料 $P_i(x_i, y_i)$ 从圆曲线的 ZY(YZ) 点开始沿切线用钢尺或皮尺方向量取 P_i 点的横坐标 x_i,得垂足。

(2) 于垂足点上采用方向架(或经纬仪)定出切线的垂线方向,再沿此方向量出纵坐标 y_i 长度,即可定出曲线上放样点 P_i 点的位置。

（3）校核方法。由此放样出的 QZ 点的位置应与主点测设一致，以此进行校核，其他 P_i 各点的位置可用钢尺丈量所定各桩点间的距离与设计弦长是否相等来进行校核，如果不符或超限，应及时查明原因。

9.1.4 极坐标法圆曲线详细测设

极坐标法测设圆曲线的细部点是最合适用全站仪进行路线测量的方法。仪器可以安置在任何控制点上，包括路线上的交点、转点等已知坐标的点，其测设的速度快、精度高。极坐标法的测设数据主要是计算圆曲线主点和细部点的坐标，然后根据控制点（测站）和圆曲线细部点的坐标反算出极坐标法的测设数据，即测站至细部点的方位角和平距。

1. 圆曲线主点坐标计算

极坐标法如图 8 - 4 所示，已知路线交点及转点的坐标，按坐标反算公式计算出第一条切线的方位角，按路线的右（左）偏角推算第二条切线的方位角。根据交点坐标、切线方位角和切线长（T），用坐标正算公式算得圆曲线起点（ZY）和终点（YZ）的坐标，再根据切线的方位角和路线的转折角（β）算得 β 角分角线的方位角，根据分角线方位角和矢距（E），用坐标正算公式算得曲线中点（QZ）的坐标。

2. 圆曲线细部点坐标计算

圆曲线上细部点坐标计算有两种方法：一种是"偏角弦长计算法"；另一种是"圆心角半径计算法"。

（1）偏角弦长计算法。

根据已算得的第一条切线的方位角，加偏角，推算曲线起点至细部点的方位角，再根据弦长和起点坐标用坐标正算公式计算细部点的坐标。

（2）圆心角半径计算法。

先计算圆曲线圆心的坐标，在计算圆曲线中点的坐标时，已算得转折角分角线的方位角，交点至圆心的距离为半径加矢距，由此可计算圆心坐标。根据曲线起点至细部点所对的圆心角，可以计算圆心至细部点的方位角。再根据半径长度，用坐标正算公式计算各细部点的坐标。

3. 极坐标法测设方法

根据准备作为测站的控制点的坐标和曲线细部点的坐标，用坐标反算公式计算出按极坐标法的测设数据—测站至细部点的方位角和平距，据此测设点位。

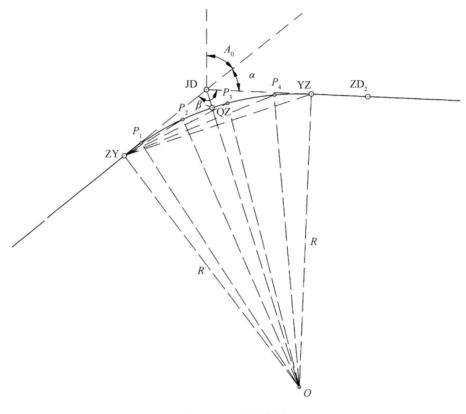

图 9 - 4   极坐标法

9.2   Excel 在圆曲线主点测设计算中的应用

已知圆曲线 JD 的里程为 K125 + 295.78,偏角值为 $10°25'10''$,圆曲线的半径 R 为 800 m,试推算各主点的里程。

Excel 在圆曲线主点测设中的具体应用的过程如下。

1. 数据输入

根据圆曲线主点测设的特点,设计图 9 - 5 所示的表格,将已知数据和观测数据输入表中相应位置,如图中阴影部分所示。在 B4 ~ D4 单元格区域中输入偏角值,以"度分秒"的格式输入,度、分、秒各占一单元格;在 B6 单元格中输入圆曲线半径;在 B7 单元格中输入 JD 桩的里程。

	A	B	C	D	E	F	G	H
1	圆曲线测设元素与主点元素计算							
2	已知数据				测设元素		主点桩号里程	
3	偏角α	°	'	"	切线长T	72.94	交点JD	295.78
4		10	25	10	曲线长L	145.48	直圆点ZY	222.84
5	偏角/rad	0.18			外矢距E	3.32	曲中点QZ	295.58
6	半径R	800			切曲差J	0.40	圆直点YZ	368.32
7	JD里程	295.78					YZ检核	368.32

图 9 – 5　圆曲线主点测设计算界面

2. 测设元素的计算

根据已知和观测数据,根据式(9 – 1) ~ (9 – 4)在Excel中按表9 – 1中的公式进行逐项计算。

表 9 – 1　圆曲线主点测设的公式说明

测设元素	单元格	公式	主点桩号	单元格	公式
偏角 α	B4	= RADIANS(B4 + 25/60 + D4/3 600)	交点 JD	H3	= B7
切线长 T	E3	= B6 * TAN(B5/2)	直圆点 ZY	H4	= H3 – F3
曲线长 L	E4	= B5 * B6	曲中点 QZ	H5	= H4 + F4/2
外矢距 E	E5	= B6/COS(B5/2) – B6	圆直点 YZ	H6	= H4 + F4
切曲差 J	E6	= 2 * F3 – F4	YZ 检核	H7	= H3 + F3 – F6

3. 主点桩号的计算

根据测设元素,根据式(9 – 5) ~ (9 – 7)在Excel中按表9 – 1中的公式在单元格 H3 ~ H6 中进行逐项计算。

4. 计算检核

根据测设元素和JD里程,根据式(9 – 8)在H7单元格中按表9 – 1中的公式计算 YZ 里程。从表中可以看出,两次计算的桩号相同,说明计算无误。

计算完成之后,即可按9.1.1节中主点测设的步骤进行放样。

9.3 Excel 在偏角法圆曲线详细测设计算中的应用

已知圆曲线 JD 的里程为 K100 + 135.12,偏角 α 为 $40°20'00''$,圆曲线的半径 R 为 120 m,桩距 l_0 为 20 m,试采用偏角法推算圆曲线上各桩点的里程。

Excel 在偏角法圆曲线详细测设中的具体应用如下。

1. 数据输入

根据偏角法圆曲线详细测设的特点,设计图 9 - 6 所示的表格,将已知数据数据输入表中相应位置,如图中阴影部分所示。在 B3 ~ D3 单元格区域中输入偏角值,以"度分秒"的格式输入,度、分、秒各占一单元格;在 B4 单元格中输入圆曲线半径;在 B5 单元格中输入 JD 桩的里程;在 B6 单元格中输入桩距。

	A	B	C	D	E	F	G	H	I	J	K
1	**长弦偏角法圆曲线细部点测设数据计算**										
2	已知及相关数据				点号	桩号	相邻桩点间的弧长/m	偏角δ_i /rad	偏角δ_i	弦长/m	弦长检核
3	偏角α	40	20	0	ZY	91.05					
4	半径R	120			P_1	100.00	8.95	0.04	$2°08'14''$	8.95	
5	JD里程	135.12			P_2	120.00	20	0.12	$6°54'43''$	28.88	82.74
6	桩距l_0	20			P_3	140.00	20	0.20	$11°41'11''$	48.61	
7	φ_1	0.074601			P_4	160.00	20	0.29	$16°27'40''$	68.01	
8	φ	0.1667			YZ	175.52	15.52	0.35	$20°10'00''$	82.74	

图 9 - 6   偏角法圆曲线详细测设计算界面

2. 桩号里程和相邻桩点间弧长的计算

根据已知数据,根据式(9 - 5)在 F3 单元格中编辑公式"= B5 - B4 * TAN(RADIANS((B3 + C3/60 + D3/3600)/2))",求出 ZY 点的里程。然后根据桩距 l_0 = 20 m,求出 P_i 各点的里程,如 F4 ~ F7 单元格区域所示。最后根据 ZY 的里程和已知数据,在 F8 单元格中编辑公式"= F3 + B4 * RADIANS(B3 + C3/60 + D3/3600)",求出 YZ 点的里程。

根据各点的桩号,在单元格区域 G4 ~ G8 中求出相邻桩点间弧长。

3. 偏角的计算

根据 φ_1、φ 和式(9 - 10),按表 9 - 2 中的公式计算各点的偏角值,如图 9 - 5 中 H4 ~ H8 所示。为便于观察,也可将弧度形式的偏角化为"度分秒"

形式,在 I4 单元格中输入公式"= TEXT(DEGREES(H4)/24,"[h]°mm'ss'''')",将 δ_1 化为"度分秒"形式,其余各偏角复制公式即可,如图 9 - 5 中 I4 ~ I8 所示。从图中可以看出,计算出最后一个桩点的偏角值为 20°10′00″,刚好为总偏角 40°20′00″ 的一半,说明计算过程无误。

表 9 - 2　圆曲线主点测设的公式说明

桩号	单元格	偏角公式(弧度)
ZY		
P_1	H4	= B7/2
P_2	H5	= (B7 + B8)/2
P_3	H6	= H5 + B8/2
P_4	H7	= H6 + B8/2
YZ	H8	= H7 + G8/(2 * B4)

4. 弦长的计算

P_1 点至 ZY 点的弦长即为两点间的相邻弧长 8.95 m,根据式(9 - 11),在 J5 单元格中输入公式"= 2 * B4 * SIN(H5)",求出 P_2 点至 ZY 点的弦长,其余各点的弦长可采用 Excel 的自动填满功能即可,如图 9 - 5 中的 J5 ~ J8 所示。

5. 计算检核

(1) 偏角的检核。从图中可以看出,计算出最后一个桩点的偏角值为 20°10′00″,刚好为总偏角 40°20′00″ 的一半,说明偏角计算过程无误。

(2) 弦长的检核。在 K3 中输入公式"= 240 * SIN(H8)",得到弦长为 82.75,与最后一桩点的弦长相同,说明弦长计算无误。

9.4　Excel 在切线支距法圆曲线详细测设计算中的应用

已知圆曲线 JD 的里程为 K4 + 906.90,偏角 α 为 34°12′00″,圆曲线的半径 R 为 200 m,桩距 $l_0 = 20$ m,试采用切线支距法推算圆曲线上各桩点的里程。

Excel 在切线支距法圆曲线详细测设中的具体应用如下。

1. 数据输入

根据切线支距法圆曲线详细测设的特点,设计图 9 - 7 所示的表格,将已知数据数据输入表中相应位置,如图中阴影部分所示。

2. 曲线要素和各点桩号里程的计算

根据已知测数据和式(9 - 1) ~ (9 - 4),在 Excel 中按表 9 - 3 中的公式进

	A	B	C	D	E	F	G	H	I	J
1	切线支距法圆曲线细部点测设数据计算									
2	桩号	里程	ZY (YZ) 至桩点的曲线长/m	圆心角φ_i /rad	x/m	y/m	已知数据及曲线要素			
3	ZY	4906.90	0	0	0	0	偏角α	°	′	″
4	P_1	4920.00	13.10	0.07	13.09	0.43		34	12	0
5	P_2	4940.00	33.10	0.17	32.95	2.73	半径R/m	200		
6	P_3	4960.00	53.10	0.27	52.48	7.01	桩距l_0/m	20		
7	QZ	4966.59	—	—	—	—	ZY里程	4906.90		
8	P_4	4980.00	46.28	0.23	45.87	5.33	切线长T	61.53		
9	P_5	5000.00	26.28	0.13	26.20	1.72	曲线长L	119.38		
10	P_6	5020.00	6.28	0.03	6.28	0.10	外矢距E	9.25		
11	YZ	5026.28	0	0.00	0.00	0.00	切曲差J	3.68		

图 9 - 7   切线支距法圆曲线细部点测设数据计算界面

行逐项计算,再根据 QZ、YZ 的里程和桩距 $l_0 = 20$ m 求出各放样点的里程,如图 9 - 7 中单元格区域 A4 ~ A11 所示。

表 9 - 3   圆曲线主点测设的公式说明

测设元素和桩号里程	单元格	公式
切线长 T	H8	= H5 * TAN(RADIANS((H4 + I4/60 + J4/3600)/2))
曲线长 L	H9	= RADIANS(H4 + I4/60 + J4/3600) * H5
外矢距 E	H10	= H5/COS(RADIANS((H4 + I4/60 + J4/3600)/2)) - H5
切曲差 J	H11	= 2 * H8 - H9
曲中点 QZ	B7	= B3 + H9/2
圆直点 YZ	B11	= B7 + H9/2

3. 曲线长和圆心角的计算

P_1 点至 ZY 点曲线长为两桩点之间的里程差值,在 C4 单元格中输入公式 "= B4 - \$ B \$ 3" 即可求出。其余各桩点至 ZY 或 YZ 点的曲线长均按此即可求出,如图 9 - 6 中单元格区域 C4 ~ C6、C8 ~ C10 所示。注意,以 QZ 点为界, $P_4 \sim P_6$ 各点至 YZ 点的曲线长为各点里程与 YZ 里程的差值。

根据圆曲线半径和上述各桩点至 ZY 或 YZ 点的曲线长,求出 P_1 点的 x、y 坐标。该段曲线所对应的圆心角在 D4 单元格中输入公式 "= C5/\$ H \$ 5" 即可求出。其余各桩点至 ZY 或 YZ 点的曲线长将此公式复制即可求出,如图 9 - 6 中单元格区域 D4 ～ D6、D8 ～ D10 所示。

4. 各桩点坐标的计算

根据圆曲线半径和式(9 - 12)、式(9 - 13),分别在 E4 和 F4 单元格中输入公式"= $H$5 * SIN(D4)"和"= - $H$5 * COS(D4) + $H$5",即可求出。其余各桩点的坐标均按此公式即可求出,如图 9 - 6 中单元格区域所示。

9.5　Excel 在极坐标法圆曲线详细测设计算中的应用

1. 圆曲线主点坐标计算

仍以偏角法圆曲线详细测设的题目为例,如图 9 - 8 所示。已知圆曲线上转点 ZD 和交点 JD 的坐标分别为(6 795.454,5 565.901)、(6 848.320, 5 634.240),具体计算过程如下。

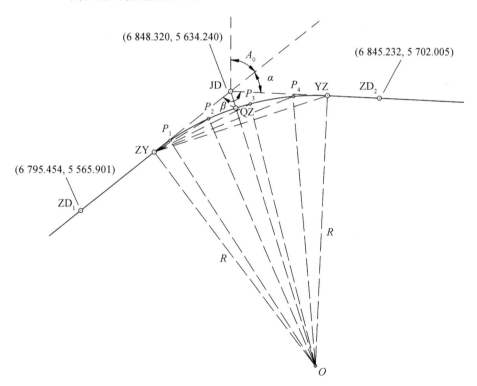

图 9 - 8　极坐标法测设圆曲线的测设数据计算

（1）数据输入。

首先设计图 9 - 9 所示的表格，将已知数据和设计数据输入表格。其中，将偏角所存放的单元格区域的格式设置为"00°00′00″"，并以 ###### 的形式将角值输入，如图中阴影部分所示。

（2）辅助计算部分。

① 偏角弧度值。 为便于计算，在单元格 D3 中输入公式"＝RADIANS(INT(B7/10000)＋(INT(B7/100)－INT(B7/10000)＊100)/60＋(B7－INT(B7/100)＊100)/3600)"，将偏角值转换为弧度形式。

② 外矢距和切线长。根据计算公式即式(8 - 3)和式(8 - 1)分别在 D4 和 D5 单元格中输入公式"＝B8/COS(D3/2)－B8"和"＝B8＊TAN(D3/2)"，求出外矢距 E 和切线长 T。

③ 切线方位角。根据圆曲线上转点 ZD 和交点 JD 的坐标，利用坐标反算的原理在 D6 单元格中输入公式"＝PI( )＊(1－SIGN(B6－B4)/2)－ATAN((B5－B3)/(B6－B4))"，得到第一条切线的方位角 α_{JD-ZD1}，加上路线右偏角（左偏角为减），在 D8 单元格中输入公式"＝D6＋D3"，得到第二条切线的方位角 α_{JD-ZD2}。

④ 转角。根据转角和圆曲线对应的圆心角互补的原理，在 D7 单元格中输入公式"＝PI( )－D3"，求出转角 β。

⑤ 分弦方位角。根据第二条切线的方位角 α_{JD-ZD2} 和转角 β，在 D9 单元格中输入公式"＝D8＋D7/2"，求出分弦方位角 α_{JD-QZ}。

	A	B	C	D	E	F
1	圆曲线主点坐标计算					
2	已知数据		辅助计算		计算结果	
3	ZD$_1$坐标/m	6795.454	偏角/rad	0.704	ZY坐标/m	6821.3535
4		5565.901	外矢距E/m	7.837		5599.3808
5	JD坐标/m	6848.32	切线长T/m	44.072	YZ坐标/m	6846.3143
6		5634.24	α_{JD-ZD1}	0.912		5678.2665
7	偏角α	40°20′00″	转角β	2.438	QZ坐标/m	6840.8479
8	半径R/m	120	α_{JD-ZD2}	1.616		5636.6043
9			α_{JD-QZ}	2.835		

图 9 - 9　圆曲线主点坐标计算界面

（3）计算结果部分。

①ZY 和 YZ 点坐标。根据前面已算出的切线长 $T = 44.072$ m，用坐标正算公式分别在 F3 和 F4 中输入公式"= B5 + D5 * COS(PI() + D6)"和"= B6 + D5 * SIN(PI() + D6)"，得到曲线起点 ZY，采用同样的方法计算出终点 YZ 的坐标。

②QZ 点坐标。再将第二条切线的方位角 α_1 加转折角的一半 $\beta/2$，得到分角线的方位角。前面已算得外矢距 $E = 7.837$ m，用坐标正算公式算得曲线中点 QZ 的坐标。

2. 圆曲线细部点坐标计算

（1）偏角弦长计算法。

① 数据输入。首先设计图 9 – 10 所示的表格，将圆曲线主点坐标计算中得到的第一条切线的方位角。将偏角法详细测设中计算得到的偏角、桩号和弦长，以及 ZY 点的坐标输入至表格，如图中阴影部分所示。

② 曲线起点至细部点的方位角。根据第一条切线的方位角和 ZY 点至 P_1 的偏角，在 D5 单元格中输入公式"= $ D $ 4 + C5"（为使公式能够下拉复制，将 D4 变成绝对引用位址），推算曲线起点至第一个细部点 P_1 的方位角，采用同样的方法推算出各弦线的方位角。

③ 细部点坐标。再根据弦长和 ZY 点的坐标，采用坐标正算分别在单元格 F5 和 G5 中输入公式"= $ F $ 4 + E5 * COS(D5)""= $ G $ 4 + E5 * SIN(D5)"（为使公式能够下拉复制，将存放 ZY 点坐标的单元格 F4 和 G4 变成绝对引用位址），计算出 P_1 的坐标。然后根据方位角、弦长和 ZY 点坐标，采用同样的方法计算各细部点坐标。

（2）圆心角半径计算法。

① 数据输入。首先设计图 9 – 11 所示的表格，将半径、圆曲线主点坐标计算中得到的转折角分角线的方位角和外矢距，偏角法详细测设中计算得到的偏角和桩号，以及 JD、ZY 点的坐标输入至表格，如图中阴影部分所示。

② 圆心坐标的计算。在计算圆曲线中点的坐标时，已算得转折角分角线的方位角 α_{JD-QZ}，交点至圆心的距离通过半径加矢距计算出来，由此可根据坐标正算计算圆心坐标。分别在 H5 和 I5 单元格中输入公式"= H4 + (F4 + G4) * COS(E4)""= I4 + (F4 + G4) * SIN(E4)"，求出圆心坐标。

③ 圆心至细部点的方位角。由曲线起点至 P_1 点的偏角，在单元格 D6 中输入公式"= C6 * 2"，求出 P_1 点至 ZY 点所对应的圆心角，将公式进行下拉复制，求出圆心至各细部点所对应的圆心角。

根据 ZY 和圆心的坐标，通过坐标反算的方法在 E6 单元格中输入公式"=

	A	B	C	D	E	F	G
1	极坐标法圆曲线细部点计算（按偏角和弦长）						
2	点号	桩号	偏角δ_i/rad	方位角α/rad	弦长C/m	坐标	
3						x/m	y/m
4	ZY	91.05	0.00	0.912		6821.35	5599.38
5	P_1	100.00	0.04	0.95	8.95	6826.56	5606.66
6	P_2	120.00	0.12	1.03	28.88	6836.15	5624.19
7	QZ	133.29	0.18	1.09	42.02	6840.85	5636.60
8	P_3	140.00	0.20	1.12	48.61	6842.69	5643.06
9	P_4	160.00	0.29	1.20	68.01	6846.02	5662.76
10	YZ	175.52	0.35	1.26	82.74	6846.31	5678.27

图 9 – 10　极坐标法圆曲线细部点计算（按偏角和弦长）

	A	B	C	D	E	F	G	H	I
1	极坐标法圆曲线细部点计算（按圆心角和半径）								
2	点号	桩号	偏角δ_i/rad	圆心角φ/rad	方位角α/rad	半径R/m	外矢距E/m	坐标	
3								x/m	y/m
4	JD	135.12			2.84	120.00	7.84	6848.32	5634.24
5	O（圆心）							6726.44	5672.81
6	ZY	91.05	0.04	0.07	5.625			6821.35	5599.38
7	P_1	100.00	0.12	0.24	5.70			6826.56	5606.66
8	P_2	120.00	0.18	0.35	5.87			6836.15	5624.19
9	QZ	133.29	0.20	0.41	5.98			6840.85	5636.60
10	P_3	140.00	0.29	0.57	6.03			6842.69	5643.06
11	P_4	160.00	0.35	0.70	6.20			6846.02	5662.76
12	YZ	175.52			6.33			6846.31	5678.27

图 9 – 11　极坐标法圆曲线细部点计算（按圆心角和半径）

PI( ) ∗ (1 – SIGN(I6 – I5)/2) – ATAN((H6 – H5)/(I6 – I5))"，求出圆心至 ZY 点的方位角。

根据曲线起点 ZY 点至 P_1 点所对的圆心角和圆心至 ZY 点的方位角，在单元格中输入公式"= $ E $ 6 + D6"（为使公式能够下拉复制，将 E6 变成绝对引用位址），计算出圆心至 ZY 点的方位角，将公式进行下拉复制，可以计算圆心至细部点的方位角。

④ 细部点坐标。根据圆心至细部点的方位角和半径,采用坐标正算分别在单元格 H7 和 I7 中输入公式" = ＄H＄5 + ＄F＄4 ∗ COS(E7)"" = ＄I＄5 + ＄F＄4 ∗ SIN(E7)"(为使公式能够下拉复制,将将存放圆心点坐标和半径的单元格 H5、I5 和 F4 变成绝对引用位址),计算出 P_1 的坐标,将公式进行下拉复制,计算各细部点坐标。

采用该方法计算出的各细部点坐标与偏角弦长计算法计算出的结果完全一样。

9.6　练　习　题

1. 已知某铁路线路转点 ZD 的里程桩号为 K125 + 032.58,其他已知数据见表 9 – 4。试根据所学内容自行设计表格,调用函数并编辑公式推算各主点的里程。

表 9 – 4　　曲线测设已知数据

点　号	圆曲线半径 R/m	转向角 α	水平距离 D/m
ZD			
JD$_1$	500	32°15′43″(Y)	1 032. 75
JD$_2$	500	25°30′16″(Z)	724.86

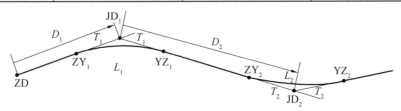

图 9 – 12　某铁路图曲线示意图

2. 在某条道路的中线测量中,已知某一交点 JD 的里程桩号为 K2 + 182.32,测得右偏角 α 为 39°15′,圆曲线半径 R = 220 m。若该曲线的桩距 l_0 = 20 m,试根据所学内容自行设计表格,调用函数并编辑公式,按照长弦偏角法的原理计算该圆曲线细部点的测设数据和坐标。

3. 根据上题的已知条件,试根据所学内容自行设计表格,调用函数并编辑公式,按照切线支距法的原理计算曲线细部点的测设数据和坐标。

4. 已知某条路线交点 JD 的里程桩为 K120 + 488. 65,线路转角(右角)为

$30°28'$,圆曲线半径 $R = 500$ m,试根据圆曲线主点测设的原理,自行设计表格,调用函数并编辑公式,计算圆曲线测设元素和各主点里程桩,并说明测设步骤。

5. 上题所述的圆曲线,在 ZY 点设站,若采用切线支距法并按整桩号法设桩,假设桩距为 20 m,试根据切线支距法详细测设的原理,自行设计表格,调用函数并编辑公式,计算圆曲线细部点的测设数据和坐标,并说明测设步骤。

6. 已知某条路线的里程桩号为 K2 + 352.88,线路转角为 $24°48'$,圆曲线半径 $R = 300$,曲线整桩距为 40 m,试根据偏角法详细测设的原理,自行设计表格,调用函数并编辑公式,计算曲线上各细部点的里程、偏角及弦长,并说明测设步骤。若交点的平面坐标为(2 058.256,1 434. 002),交点至曲线起点(ZY)的坐标方位角为 $250°26'26''$,试根据所学知识,自行设计表格,调用函数并编辑公式,计算曲线主点坐标和细部点坐标。

7. 设道路中线测量某交点 JD 的桩号为 K2 + 182.32,测得右偏角 $\alpha = 39°15'$,设计圆曲线半径 $R = 220$ m。试根据所学知识,自行设计表格,调用函数并编辑公式,计算以下内容:

(1) 计算圆曲线主点测设元素 T、L、E、J;

(2) 计算圆曲线主点 ZY、QZ、YZ 的桩号;

(3) 设曲线上整桩距 $l_0 = 20$ m,计算该圆曲线细部点偏角法测设数据。

8. 按上题的圆曲线,设交点和圆曲线起点的坐标为 ZY(6 354.618,5 211.539),JD(6 432.840,5 217.480)。试根据所学知识自行设计表格,调用函数并编辑公式,采用极坐标法测设圆曲线细部点的测设数据。

9. 已知圆曲线的半径 $R = 500$m,转角 $\alpha = 55°43'24''$,ZY 点里程为 K37 + 553.24。试根据所学知识,自行设计表格,调用函数并编辑公式,求:

(1) 圆曲线要素 T、L、E 和主点里程;

(2) 若细部桩间距 $l = 20$ m,试分别用偏角法和切线支距法计算圆曲线主点及细部点的放样数据。

10. 设 $R = 500$ m,$h = 60$ m,$\alpha = 2836'20''$,ZH 点里程为 K33 + 424.67。试根据所学知识,自行设计表格,调用函数并编辑公式,求:

(1) 综合要素及主点的里程;

(2) 若 $N = 6$,即每分段曲线长 $l = 10$ m,计算各细部点的偏角。

第 10 章　Excel 在测量平差中的应用

在实际测量工作中,为及时发现错误并提高测量的精度,外业中常常进行多余观测,由此出现了平差计算的问题。若在一个平差函数中有 r 个多余观测,则可以列出 r 个条件方程。这种以条件方程为函数模型的平差方法称为条件平差。

10.1　平差及精度评定原理

10.1.1　平差原理

1. 条件平差原理

设在某个测量作业中有 n 个观测值 $\boldsymbol{L}_{n,1}$,均含有相互独立的偶然误差,相应的权阵为 $\boldsymbol{P}_{n,n}$,改正数为 $\boldsymbol{V}_{n,1}$,平差值为 $\hat{\boldsymbol{L}}_{n,1}$,上述参数可用如下矩阵进行表示,即

$$\boldsymbol{L}_{n,1} = \begin{bmatrix} L_1 \\ L_2 \\ \vdots \\ L_n \end{bmatrix}, \boldsymbol{V}_{n,1} = \begin{bmatrix} v_1 \\ v_2 \\ \vdots \\ v_n \end{bmatrix}, \boldsymbol{P}_{n,n} = \begin{bmatrix} p_1 & & & \\ & p_2 & & \\ & & \ddots & \\ & & & p_n \end{bmatrix}, \hat{\boldsymbol{L}}_{n,1} = \begin{bmatrix} \hat{L}_1 \\ \hat{L}_2 \\ \vdots \\ \hat{L}_n \end{bmatrix}$$

其中

$$\begin{bmatrix} \hat{L}_1 \\ \hat{L}_2 \\ \vdots \\ \hat{L}_n \end{bmatrix} = \begin{bmatrix} L_1 + v_1 \\ L_2 + v_2 \\ \vdots \\ L_n + v_n \end{bmatrix}$$

在这 n 个观测值中,含有 t 个必要观测数,r 个多余观测数,由此可列出 r 个平差值线性条件方程,即

$$\begin{cases} a_1\hat{L}_1 + a_2\hat{L}_2 + \cdots + a_n\hat{L}_n + a_0 = 0 \\ b_1\hat{L}_1 + b_2\hat{L}_2 + \cdots + b_n\hat{L}_n + b_0 = 0 \\ \vdots \\ r_1\hat{L}_1 + r_2\hat{L}_2 + \cdots + r_n\hat{L}_n + r_0 = 0 \end{cases} \tag{10-1}$$

式中　　$a_i, b_i, \cdots, r_i (i = 1, 2, \cdots, n)$——各平差值条件方程式中的系数；

$a_0, b_0, \cdots, r_0$——各平差值条件方程式中的常数项。

则相应的改正数条件方程式表示为

$$\begin{cases} a_1v_1 + a_2v_2 + \cdots + a_nv_n - w_a = 0 \\ b_1v_1 + b_2v_2 + \cdots + b_nv_n - w_b = 0 \\ \vdots \\ r_1v_1 + r_2v_2 + \cdots + r_nv_n - w_r = 0 \end{cases} \tag{10-2}$$

式中　　$w_a, w_b, \cdots, w_r$——改正数条件方程的闭合差,可表示为

$$\begin{cases} w_a = -(a_1L_1 + a_2L_2 + \cdots + a_nL_n + a_0) \\ w_b = -(b_1L_1 + b_2L_2 + \cdots + b_nL_n + b_0) \\ \vdots \\ w_r = -(r_1L_1 + r_2L_2 + \cdots + r_nL_n + r_0) \end{cases} \tag{10-3}$$

若取

$$\boldsymbol{A}_{r,n} = \begin{bmatrix} a_1 & a_2 & \cdots & a_n \\ b_1 & b_2 & \cdots & b_n \\ \vdots & \vdots & & \vdots \\ r_1 & r_2 & \cdots & r_n \end{bmatrix}, \boldsymbol{A}_{0r,1} = \begin{bmatrix} a_0 \\ b_0 \\ \vdots \\ r_0 \end{bmatrix}, \boldsymbol{W}_{r,1} = \begin{bmatrix} w_a \\ w_b \\ \vdots \\ w_r \end{bmatrix}$$

则式(10-1)可表示成矩阵形式,即

$$\boldsymbol{A}\hat{\boldsymbol{L}} + \boldsymbol{A}_0 = \boldsymbol{0} \tag{10-4}$$

同样,式(10-2)可表达成矩阵形式,即

$$\boldsymbol{A}\boldsymbol{V} - \boldsymbol{W} = \boldsymbol{0} \tag{10-5}$$

则式(10-3)的矩阵形式为

$$\boldsymbol{W} = -(\boldsymbol{A}\hat{\boldsymbol{L}} + \boldsymbol{A}_0) \tag{10-6}$$

由式(10-4)可知,$\boldsymbol{A}\hat{\boldsymbol{L}} + \boldsymbol{A}_0$ 的理论值为零,所以闭合差等于观测值与理论值之差。

根据拉格朗日对函数求极值法,引入乘系数 $\boldsymbol{K}_{r,1} = \begin{bmatrix} k_a & k_b & \cdots & k_r \end{bmatrix}^{\mathrm{T}}$(联系数向量),构成函数为

$$\boldsymbol{\Phi} = \boldsymbol{V}^{\mathrm{T}}\boldsymbol{P}\boldsymbol{V} - 2\boldsymbol{K}^{\mathrm{T}}(\boldsymbol{A}\boldsymbol{V} - \boldsymbol{W}) \tag{10-7}$$

为引入最小二乘法,将函数 $\boldsymbol{\Phi}$ 对变量 $\boldsymbol{V}$ 求一阶导数,并令其为零,得

$$\frac{\mathrm{d}\Phi}{\mathrm{d}V} = \frac{\partial(V^{\mathrm{T}}PV)}{\partial V} - 2\frac{\partial(K^{\mathrm{T}}AV)}{\partial V} = 2V^{\mathrm{T}}P - 2K^{\mathrm{T}}A = 0 \qquad (10-8)$$

将上式两端进行转置,又由于 P 是主对角线阵,因此 $P = P^{\mathrm{T}}$,得

$$PV = A^{\mathrm{T}}K \qquad (10-9)$$

将上式左右两端乘以权阵逆矩阵 P^{-1},得

$$V = P^{-1}A^{\mathrm{T}}K = QA^{\mathrm{T}}K \qquad (10-10)$$

上式称为改正数方程。

将上述改正数方程与 r 个条件方程即式(10-5)联合进行求解,可得唯一解,其中包括 n 个改正数和 r 个联系数。因此,式(10-10)和式(10-5)合称为条件方程的基础方程。 由此得出的改正数不仅能消除闭合差,也能使 $V^{\mathrm{T}}PV = \min$。

在求解基础方程时,将式(10-10)代入式(10-5),可得

$$AQA^{\mathrm{T}}K - W = 0 \qquad (10-11)$$

若假设法方程的系数阵 $AQA^{\mathrm{T}} = AP^{-1}A^{\mathrm{T}} = N$,由上式易知,$N$ 关于主对角线对称,则法方程可表示为

$$NK - W = 0 \qquad (10-12)$$

式(10-12)称为联系数法方程,为条件平差的法方程,简称法方程。法方程系数阵 N 的秩为

$$R(N) = R(AP^{-1}A^{\mathrm{T}}) = r \qquad (10-13)$$

由于 N 是一个 r 阶的满秩方阵,因此具有可逆性。将式(10-12)移项得

$$NK = W \qquad (10-14)$$

上式两端同时乘以法方程系数阵 N 的逆矩阵 N^{-1},可求得联系数 K 的唯一解为

$$K = N^{-1}W \qquad (10-15)$$

将其代入式(10-10)中,可计算出 V,再将 V 代入,即可计算出所求观测值的最或是值 $\hat{L} = L + V$。此时,条件平差就求完毕。

2. 间接平差原理

间接平差法(又称参数平差法)是将选定的 t 个独立未知量作为参数,将每个观测值均表达为此 t 个参数的函数,以此建立函数模型。按最小二乘法原理,采用求自由极值的方式求解出参数 t 的最或是值,进而求解各观测值的平差值。

假设观测值 L 的个数为 n,必要观测个数为 t,选定 t 个独立参数 $\hat{X}$,近似值取为 X^0,则有

$$\hat{X} = X^0 + \hat{x} \qquad (10-16)$$

$$\hat{L} = L + V \qquad (10-17)$$

则平差值方程可表示为

$$L_i + v_i = a_i\hat{X}_1 + b_i\hat{X}_2 + \cdots + t_i\hat{X}_t + d_i \tag{10-18}$$

若令

$$\boldsymbol{L}_{n,1} = \begin{bmatrix} L_1 & L_2 & \cdots & L_n \end{bmatrix}^{\mathrm{T}}$$
$$\boldsymbol{V}_{n,1} = \begin{bmatrix} V_1 & V_2 & \cdots & V_n \end{bmatrix}^{\mathrm{T}}, \boldsymbol{B}_{n,t} = \begin{bmatrix} a_1 & b_1 & \cdots & t_1 \\ a_2 & b_2 & \cdots & t_2 \\ \vdots & \vdots & & \vdots \\ a_n & b_n & \cdots & t_n \end{bmatrix}$$
$$\hat{\boldsymbol{X}}_{t,1} = \begin{bmatrix} \hat{X}_1 & \hat{X}_2 & \cdots & \hat{X}_t \end{bmatrix}^{\mathrm{T}}$$
$$\boldsymbol{d}_{n,1} = \begin{bmatrix} d_1 & d_2 & \cdots & d_n \end{bmatrix}^{\mathrm{T}}$$

则有

$$\boldsymbol{L} + \boldsymbol{V} = \boldsymbol{B}\hat{\boldsymbol{X}} + d \tag{10-19}$$

平差时,常对参数 $\hat{\boldsymbol{X}}$ 取近似值,若令

$$\hat{\boldsymbol{X}} = \boldsymbol{X}^0 + \hat{\boldsymbol{x}} \tag{10-20}$$

则可得

$$\boldsymbol{V} = \boldsymbol{B}\hat{\boldsymbol{x}} - l, \quad l = \boldsymbol{L} - (\boldsymbol{B}\boldsymbol{X}^0 + d) \tag{10-21}$$

根据最小二乘法原理,$\hat{x}$ 需满足 $\boldsymbol{V}^{\mathrm{T}}\boldsymbol{P}\boldsymbol{V} = \min$。由于 t 个参数相互独立,因此根据数学上函数求自由极值的原理可得

$$\frac{\partial \boldsymbol{V}^{\mathrm{T}}\boldsymbol{P}\boldsymbol{V}}{\partial \hat{x}} = 2\boldsymbol{V}^{\mathrm{T}}\boldsymbol{P}\frac{\partial \boldsymbol{V}}{\partial \hat{x}} = \boldsymbol{V}^{\mathrm{T}}\boldsymbol{P}\boldsymbol{B} = \boldsymbol{0}$$

将上式进行转置后得

$$\boldsymbol{B}^{\mathrm{T}}\boldsymbol{P}\boldsymbol{V} = \boldsymbol{0} \tag{10-22}$$

式(10-21)和式(10-22)的未知量包括 n 个 $\boldsymbol{V}$ 和 t 个 $\hat{\boldsymbol{x}}$,方程的个数也为 $n+t$ 个,所以方程有唯一解,这两式称为间接平差的基础方程。

将基础方程第一式(10-21)代入第二式(10-22),可得

$$\boldsymbol{B}^{\mathrm{T}}\boldsymbol{P}\boldsymbol{B}\hat{x} - \boldsymbol{B}^{\mathrm{T}}\boldsymbol{P}l = \boldsymbol{0} \tag{10-23}$$

若令

$$\boldsymbol{N}_{bb\,t,t} = \boldsymbol{B}^{\mathrm{T}}\boldsymbol{P}\boldsymbol{B}, \boldsymbol{W}_{t,1} = \boldsymbol{B}^{\mathrm{T}}\boldsymbol{P}l$$

则有

$$\boldsymbol{N}_{bb}\hat{\boldsymbol{x}} - \boldsymbol{W} = \boldsymbol{0} \tag{10-24}$$

求得法方程的解为

$$\hat{\boldsymbol{x}} = \boldsymbol{N}_{bb}^{-1}\boldsymbol{W} \tag{10-25}$$

或表示为

$$\hat{\boldsymbol{x}} = (\boldsymbol{B}^{\mathrm{T}}\boldsymbol{P}\boldsymbol{B})^{-1}\boldsymbol{B}^{\mathrm{T}}\boldsymbol{P}l \tag{10-26}$$

将上式代入式(10-21),可得改正数 $\boldsymbol{V}$,则观测值和参数的平差值可表示为

$$\hat{\boldsymbol{L}} = \boldsymbol{L} + \boldsymbol{V}, \hat{\boldsymbol{X}} = \boldsymbol{X}^0 + \hat{\boldsymbol{x}} \tag{10-27}$$

10.1.2 精度评定原理

测量平差的最终目的是对测量成果的精度进行评定,它包括两个方面内容:一是观测值的实际精度;二是观测值经过平差后求得的观测值函数的精度。

1. 条件平差精度评定原理

设观测值 L 的方差为

$$\hat{D}_G = \hat{\sigma}_0^2 F^T Q F = \hat{\sigma}_0^2 Q_{GG} \qquad (10 - 28)$$

平差前的先验方差已知,并定权参与平差。但精度评定需要观测的实际精度,上式中 Q 的值已知,需要估算单位权中误差的值 σ_0^2,将其估值 $\hat{\sigma}_0^2$ 代入上式,可以计算方差的估值 $\hat{D}$,采用统计检验方法来比较 $\hat{D}$ 与其先验方差是否一致。

根据条件平差可以得到改正数 V 和平差值 $\hat{L}$,由此可计算平差值 $\hat{L}$ 的 $\hat{\varphi} = f^T \hat{L}$。由于 V、L、$\hat{\varphi}$ 都是观测值 L 的函数,因此设观测值 L 的函数为

$$G = F^T L$$

根据协方差传播定律可得

$$\hat{D}_G = \hat{\sigma}_0^2 F^T Q F = \hat{\sigma}_0^2 Q_{GG} \qquad (10 - 29)$$

要估值函数 G 的方差,需要计算 G 的协因数阵和单位权中误差的估值。

(1)单位权中误差估值的计算。

无论采用何种平差方法,单位权中误差的估值都等于残差平方和 $V^T P V$ 除以自由度(多余观测数 r)。对于条件平差来说,多余观测数等于方程个数,其公式为

$$\hat{\sigma}_0^2 = \frac{V^T P V}{r} \qquad (10 - 30)$$

除采用改正数 V 直接计算外,还可采用下列两式计算。

由于 $V = QA^T K, AV + W = 0$,因此

$$V^T P V = (QA^T K)^T P(QA^T K) = K^T A Q A^T K = K^T N_{aa} K \qquad (10 - 31)$$

$$V^T P V = V^T P(QA^T K) = V^T A^T K = -W^T K \qquad (10 - 32)$$

(2)协因数阵的计算。

基本向量 W、K、V、$\hat{L}$ 均为观测值 L 的函数,且

$$W = AL + A_0$$

$$K = -N_{aa}^{-1} W = -N_{aa}^{-1} AL - N_{aa}^{-1} A_0$$

$$V = Q_{LL} A^T K = -Q_{LL} A^T N_{aa}^{-1} AL - Q_{LL} A^T N_{aa}^{-1} A_0$$

$$\hat{L} = L + V = (I - Q_{LL} A^T N_{aa}^{-1} A)L - Q_{LL} A^T N_{aa}^{-1} A_0$$

若令

$$Z^T = (L^T \quad W^T \quad K^T \quad V^T \quad \hat{L}^T)$$

则 $\boldsymbol{Z}$ 的协因数阵可表示为

$$\boldsymbol{Q}_{ZZ} = \begin{bmatrix} \boldsymbol{Q}_{LL} & \boldsymbol{Q}_{LW} & \boldsymbol{Q}_{LK} & \boldsymbol{Q}_{LV} & \boldsymbol{Q}_{L\hat{L}} \\ \boldsymbol{Q}_{WL} & \boldsymbol{Q}_{W} & \boldsymbol{Q}_{WK} & \boldsymbol{Q}_{WV} & \boldsymbol{Q}_{W\hat{L}} \\ \boldsymbol{Q}_{KL} & \boldsymbol{Q}_{KW} & \boldsymbol{Q}_{KK} & \boldsymbol{Q}_{KV} & \boldsymbol{Q}_{K\hat{L}} \\ \boldsymbol{Q}_{VL} & \boldsymbol{Q}_{VW} & \boldsymbol{Q}_{VK} & \boldsymbol{Q}_{VV} & \boldsymbol{Q}_{V\hat{L}} \\ \boldsymbol{Q}_{\hat{L}L} & \boldsymbol{Q}_{\hat{L}w} & \boldsymbol{Q}_{\hat{L}K} & \boldsymbol{Q}_{\hat{L}V} & \boldsymbol{Q}_{\hat{L}\hat{L}} \end{bmatrix}$$

由于观测向量 $\boldsymbol{L}$ 的协因数,已知 $\boldsymbol{Q}_{LL} = \boldsymbol{P}^{-1}$,因此应用协因数传播律可得

$$\boldsymbol{Q}_{WW} = \boldsymbol{A}\boldsymbol{Q}_{LL}\boldsymbol{A}^{\mathrm{T}} = \boldsymbol{A}\boldsymbol{P}^{-1}\boldsymbol{A}^{\mathrm{T}} = \boldsymbol{N}_{aa}$$

$$\boldsymbol{Q}_{KK} = \boldsymbol{N}_{aa}^{-1}\boldsymbol{A}\boldsymbol{Q}_{LL}\boldsymbol{A}^{\mathrm{T}}\boldsymbol{N}_{aa}^{-1} = \boldsymbol{N}_{aa}^{-1}\boldsymbol{N}_{aa}\boldsymbol{N}_{aa}^{-1} = \boldsymbol{N}_{aa}^{-1}$$

$$\boldsymbol{Q}_{VV} = \boldsymbol{Q}_{LL}\boldsymbol{A}^{\mathrm{T}}\boldsymbol{N}_{aa}^{-1}\boldsymbol{A}\boldsymbol{Q}_{LL}\boldsymbol{A}^{\mathrm{T}}\boldsymbol{N}_{aa}^{-1}\boldsymbol{A}\boldsymbol{Q}_{LL} = \boldsymbol{Q}_{LL}\boldsymbol{A}^{\mathrm{T}}\boldsymbol{N}_{aa}^{-1}\boldsymbol{A}\boldsymbol{Q}_{LL}$$

$$\boldsymbol{Q}_{\hat{L}\hat{L}} = (\boldsymbol{I} - \boldsymbol{Q}_{LL}\boldsymbol{A}^{\mathrm{T}}\boldsymbol{N}_{aa}^{-1}\boldsymbol{A})\boldsymbol{Q}_{LL}(\boldsymbol{I} - \boldsymbol{A}^{\mathrm{T}}\boldsymbol{N}_{aa}^{-1}\boldsymbol{A}\boldsymbol{Q}_{LL})$$

$$= \boldsymbol{Q}_{LL} - \boldsymbol{Q}_{LL}\boldsymbol{A}^{\mathrm{T}}\boldsymbol{N}_{aa}^{-1}\boldsymbol{A}\boldsymbol{Q}_{LL} - \boldsymbol{Q}_{LL}\boldsymbol{A}^{\mathrm{T}}\boldsymbol{N}_{aa}^{-1}\boldsymbol{A}\boldsymbol{Q}_{LL} +$$

$$\boldsymbol{Q}_{LL}\boldsymbol{A}^{\mathrm{T}}\boldsymbol{N}_{aa}^{-1}\boldsymbol{A}\boldsymbol{Q}_{LL}\boldsymbol{A}^{\mathrm{T}}\boldsymbol{N}_{aa}^{-1}\boldsymbol{A}\boldsymbol{Q}_{LL}$$

$$= \boldsymbol{Q}_{LL} - \boldsymbol{Q}_{LL}\boldsymbol{A}^{\mathrm{T}}\boldsymbol{N}_{aa}^{-1}\boldsymbol{A}\boldsymbol{Q}_{LL}$$

$$\boldsymbol{Q}_{LW} = \boldsymbol{I}\boldsymbol{Q}_{LL}\boldsymbol{A}^{\mathrm{T}} = \boldsymbol{Q}_{LL}\boldsymbol{A}^{\mathrm{T}}$$

$$\boldsymbol{Q}_{LK} = -\boldsymbol{I}\boldsymbol{Q}_{LL}\boldsymbol{A}^{\mathrm{T}}\boldsymbol{N}_{aa}^{-1} = -\boldsymbol{Q}_{LL}\boldsymbol{A}^{\mathrm{T}}\boldsymbol{N}_{aa}^{-1}$$

$$\boldsymbol{Q}_{LV} = -\boldsymbol{I}\boldsymbol{Q}_{LL}\boldsymbol{A}^{\mathrm{T}}\boldsymbol{N}_{aa}^{-1}\boldsymbol{A}\boldsymbol{Q}_{LL} = -\boldsymbol{Q}_{LL}\boldsymbol{A}^{\mathrm{T}}\boldsymbol{N}_{aa}^{-1}\boldsymbol{A}\boldsymbol{Q}_{LL}$$

$$\boldsymbol{Q}_{L\hat{L}} = \boldsymbol{I}\boldsymbol{Q}_{LL}(\boldsymbol{I} - \boldsymbol{A}^{\mathrm{T}}\boldsymbol{N}_{aa}^{-1}\boldsymbol{A}\boldsymbol{Q}_{LL}) = \boldsymbol{Q}_{LL} - \boldsymbol{Q}_{LL}\boldsymbol{A}^{\mathrm{T}}\boldsymbol{N}_{aa}^{-1}\boldsymbol{A}\boldsymbol{Q}_{LL}$$

$$\boldsymbol{Q}_{WK} = -\boldsymbol{A}\boldsymbol{Q}_{LL}\boldsymbol{A}^{\mathrm{T}}\boldsymbol{N}_{aa}^{-1} = -\boldsymbol{I}$$

$$\boldsymbol{Q}_{WV} = -\boldsymbol{A}\boldsymbol{Q}_{LL}\boldsymbol{A}^{\mathrm{T}}\boldsymbol{N}_{aa}^{-1}\boldsymbol{A}\boldsymbol{Q}_{LL} = -\boldsymbol{A}\boldsymbol{Q}_{LL}$$

$$\boldsymbol{Q}_{W\hat{L}} = \boldsymbol{A}\boldsymbol{Q}_{LL}(\boldsymbol{I} - \boldsymbol{A}^{\mathrm{T}}\boldsymbol{N}_{aa}^{-1}\boldsymbol{A}\boldsymbol{Q}_{LL}) = \boldsymbol{A}\boldsymbol{Q}_{LL} - \boldsymbol{A}\boldsymbol{Q}_{LL}\boldsymbol{A}^{\mathrm{T}}\boldsymbol{N}_{aa}^{-1}\boldsymbol{A}\boldsymbol{Q}_{LL} = \boldsymbol{0}$$

$$\boldsymbol{Q}_{KV} = \boldsymbol{N}_{aa}^{-1}\boldsymbol{A}\boldsymbol{Q}_{LL}\boldsymbol{A}^{\mathrm{T}}\boldsymbol{N}_{aa}^{-1}\boldsymbol{A}\boldsymbol{Q}_{LL} = \boldsymbol{N}_{aa}^{-1}\boldsymbol{A}\boldsymbol{Q}_{LL}$$

$$\boldsymbol{Q}_{K\hat{L}} = -\boldsymbol{N}_{aa}^{-1}\boldsymbol{A}\boldsymbol{Q}_{LL}(\boldsymbol{I} - \boldsymbol{A}^{\mathrm{T}}\boldsymbol{N}_{aa}^{-1}\boldsymbol{A}\boldsymbol{Q}_{LL}) = -\boldsymbol{N}_{aa}^{-1}\boldsymbol{A}\boldsymbol{Q}_{LL} + \boldsymbol{N}_{aa}^{-1}\boldsymbol{A}\boldsymbol{Q}_{LL}\boldsymbol{A}^{\mathrm{T}}\boldsymbol{N}_{aa}^{-1}\boldsymbol{A}\boldsymbol{Q}_{LL} = \boldsymbol{0}$$

$$\boldsymbol{Q}_{V\hat{L}} = -\boldsymbol{Q}_{LL}\boldsymbol{A}^{\mathrm{T}}\boldsymbol{N}_{aa}^{-1}\boldsymbol{A}\boldsymbol{Q}_{LL}(\boldsymbol{I} - \boldsymbol{A}^{\mathrm{T}}\boldsymbol{N}_{aa}^{-1}\boldsymbol{A}\boldsymbol{Q}_{LL})$$

$$= -\boldsymbol{Q}_{LL}\boldsymbol{A}^{\mathrm{T}}\boldsymbol{N}_{aa}^{-1}\boldsymbol{A}\boldsymbol{Q}_{LL} + \boldsymbol{Q}_{LL}\boldsymbol{A}^{\mathrm{T}}\boldsymbol{N}_{aa}^{-1}\boldsymbol{A}\boldsymbol{Q}_{LL}\boldsymbol{A}^{\mathrm{T}}\boldsymbol{N}_{aa}^{-1}\boldsymbol{A}\boldsymbol{Q}_{LL} = \boldsymbol{0}$$

以上结果可表示为表 10 - 1。

表 10 - 1　直接平差协因数表

	L	W	K	V	$\hat{L}$
L	$\boldsymbol{Q}_{LL}$	$\boldsymbol{Q}_{LL}\boldsymbol{A}^{\mathrm{T}}$	$-\boldsymbol{Q}_{LL}\boldsymbol{A}^{\mathrm{T}}\boldsymbol{N}_{aa}^{-1}$	$-\boldsymbol{Q}_{VV}$	$\boldsymbol{Q}_{LL} - \boldsymbol{Q}_{LL}\boldsymbol{A}^{\mathrm{T}}\boldsymbol{N}_{aa}^{-1}\boldsymbol{A}\boldsymbol{Q}_{LL}$
W	$\boldsymbol{A}\boldsymbol{Q}_{LL}^{\mathrm{T}}$	$\boldsymbol{N}_{aa}$	$-\boldsymbol{I}$	$-\boldsymbol{A}\boldsymbol{Q}_{LL}$	$\boldsymbol{0}$
K	$-\boldsymbol{N}_{aa}^{-1}\boldsymbol{A}\boldsymbol{Q}_{LL}$	$-\boldsymbol{I}$	$\boldsymbol{N}_{aa}^{-1}$	$\boldsymbol{N}_{aa}^{-1}\boldsymbol{A}\boldsymbol{Q}_{LL}$	$\boldsymbol{0}$
V	$-\boldsymbol{Q}_{VV}$	$-\boldsymbol{Q}_{LL}\boldsymbol{A}^{\mathrm{T}}$	$\boldsymbol{Q}_{LL}\boldsymbol{A}^{\mathrm{T}}\boldsymbol{N}_{aa}^{-1}$	$\boldsymbol{Q}_{LL}\boldsymbol{A}^{\mathrm{T}}\boldsymbol{N}_{aa}^{-1}\boldsymbol{A}\boldsymbol{Q}_{LL}$	$\boldsymbol{0}$
$\hat{L}$	$\boldsymbol{Q} - \boldsymbol{Q}\boldsymbol{A}^{\mathrm{T}}\boldsymbol{N}_{aa}^{-1}\boldsymbol{A}\boldsymbol{Q}$	$\boldsymbol{0}$	$\boldsymbol{0}$	$\boldsymbol{0}$	$\boldsymbol{Q}_{LL} - \boldsymbol{Q}_{LL}\boldsymbol{A}^{\mathrm{T}}\boldsymbol{N}_{aa}^{-1}\boldsymbol{A}\boldsymbol{Q}_{LL}$

（3）平差值函数的中误差。

通常设平差值函数为

$$\overset{\hat{}}{\varphi} = f(\hat{L}_1, \hat{L}_2, \cdots, \hat{L}_n) \qquad (10-33)$$

根据非线性函数的协因数传播规律，将上式进行全微分，表达为误差关系之间的线性形式为

$$\mathrm{d}\overset{\hat{}}{\varphi} = \left(\frac{\partial f}{\partial \hat{L}_1}\right)_0 \mathrm{d}\hat{L}_1 + \left(\frac{\partial f}{\partial \hat{L}_2}\right)_0 \mathrm{d}\hat{L}_2 + \cdots + \left(\frac{\partial f}{\partial \hat{L}_n}\right)_0 \mathrm{d}\hat{L}_n \qquad (10-34)$$

式中　$\left(\dfrac{\partial f}{\partial \hat{L}_n}\right)_0$ —— 将偏导中的 $\hat{L}_i$ 用 L_i 代替，设其系数为 f_i，则上式可表示为

$$\mathrm{d}\overset{\hat{}}{\varphi} = f_1\mathrm{d}\hat{L}_1 + f_2\mathrm{d}\hat{L}_2 + \cdots + f_n\mathrm{d}\hat{L}_n \qquad (10-35)$$

其矩阵形式为

$$\mathrm{d}\overset{\hat{}}{\varphi} = \boldsymbol{f}^{\mathrm{T}}\mathrm{d}\hat{\boldsymbol{L}} = \begin{bmatrix} f_1 & f_2 & \cdots & f_n \end{bmatrix} \begin{bmatrix} \mathrm{d}\hat{L}_1 \\ \mathrm{d}\hat{L}_2 \\ \vdots \\ \mathrm{d}\hat{L}_n \end{bmatrix} \qquad (10-36)$$

可得协因数为

$$\boldsymbol{Q}_{\hat{\varphi}\hat{\varphi}} = \boldsymbol{f}^{\mathrm{T}}\boldsymbol{Q}_{LL}\boldsymbol{f} \qquad (10-37)$$

通过查表 10 - 1 可得

$$\boldsymbol{Q}_{\hat{\varphi}\hat{\varphi}} = \boldsymbol{f}^{\mathrm{T}}(\boldsymbol{Q}_{LL} - \boldsymbol{Q}_{LL}\boldsymbol{A}^{\mathrm{T}}\boldsymbol{N}_{aa}^{-1}\boldsymbol{A}\boldsymbol{Q}_{LL})\boldsymbol{f} = \boldsymbol{f}^{\mathrm{T}}\boldsymbol{Q}_{LL}\boldsymbol{f} - (\boldsymbol{A}\boldsymbol{Q}\boldsymbol{f})^{\mathrm{T}}\boldsymbol{N}_{aa}^{-1}\boldsymbol{A}\boldsymbol{Q}\boldsymbol{f}$$
$$(10-38)$$

平差值函数的中误差为

$$\hat{\boldsymbol{\sigma}}_{\hat{\varphi}} = \hat{\boldsymbol{\sigma}}_0 \sqrt{\boldsymbol{Q}_{\hat{\varphi}\hat{\varphi}}} \qquad (10-39)$$

2. 间接平差精度评定

（1）单位权中误差估值计算。

单位权中误差的估值依然是 $\boldsymbol{V}^{\mathrm{T}}\boldsymbol{P}\boldsymbol{V}$ 除以自由度（即多余观测数）r，对于间接平差而言，多余观测数为 $n-t$，公式为

$$\hat{\boldsymbol{\sigma}}_0^2 = \frac{\boldsymbol{V}^{\mathrm{T}}\boldsymbol{P}\boldsymbol{V}}{n-t} \qquad (10-40)$$

单位权中误差估值计算公式为

$$\hat{\boldsymbol{\sigma}}_0 = \sqrt{\frac{\boldsymbol{V}^{\mathrm{T}}\boldsymbol{P}\boldsymbol{V}}{n-t}} \qquad (10-41)$$

由于 $\boldsymbol{V}^{\mathrm{T}}\boldsymbol{P}\boldsymbol{V} = (\boldsymbol{B}\hat{\boldsymbol{x}} - \boldsymbol{l})^{\mathrm{T}}\boldsymbol{P}\boldsymbol{V} = \hat{\boldsymbol{x}}^{\mathrm{T}}\boldsymbol{B}^{\mathrm{T}}\boldsymbol{P}\boldsymbol{V} - \boldsymbol{l}^{\mathrm{T}}\boldsymbol{P}\boldsymbol{V}$，因此顾及 $\boldsymbol{B}^{\mathrm{T}}\boldsymbol{P}\boldsymbol{V} = \boldsymbol{0}$，可得

$$\boldsymbol{V}^{\mathrm{T}}\boldsymbol{P}\boldsymbol{V} = -\boldsymbol{l}^{\mathrm{T}}\boldsymbol{P}(\boldsymbol{B}\hat{\boldsymbol{x}} - \boldsymbol{l}) = \boldsymbol{l}^{\mathrm{T}}\boldsymbol{P}\boldsymbol{l} - \boldsymbol{l}^{\mathrm{T}}\boldsymbol{P}\boldsymbol{B}\hat{\boldsymbol{x}}$$

而 $\boldsymbol{l}^{\mathrm{T}}\boldsymbol{P}\boldsymbol{B} = (\boldsymbol{B}^{\mathrm{T}}\boldsymbol{P}\boldsymbol{l})^{\mathrm{T}}$，可得

$$V^{\mathrm{T}}PV = l^{\mathrm{T}}Pl - (B^{\mathrm{T}}Pl)^{\mathrm{T}}\hat{x} = l^{\mathrm{T}}Pl - W^{\mathrm{T}}\hat{x} \qquad (10-42)$$

（2）协因数阵的计算。

已知 $Q_{LL} = Q$，设 $Z^{\mathrm{T}} = (L^{\mathrm{T}} \quad \hat{X}^{\mathrm{T}} \quad V^{\mathrm{T}} \quad \hat{L}^{\mathrm{T}})$，则有

$$Q_{ZZ} = \begin{bmatrix} Q_{LL} & Q_{L\hat{X}} & Q_{LV} & Q_{L\hat{L}} \\ Q_{\hat{X}L} & Q_{\hat{X}\hat{X}} & Q_{\hat{X}V} & Q_{\hat{X}\hat{L}} \\ Q_{VL} & Q_{V\hat{X}} & Q_{VV} & Q_{V\hat{L}} \\ Q_{\hat{L}L} & Q_{\hat{L}\hat{X}} & Q_{\hat{L}V} & Q_{\hat{L}\hat{L}} \end{bmatrix}$$

已知基本向量之间的关系式为

$$L = l + L_0 \qquad (10-43)$$

$$\hat{x} = N_{bb}^{-1}B^{\mathrm{T}}pl \qquad (10-44)$$

$$V = B\hat{x} - l = (BN_{bb}^{-1}B^{\mathrm{T}}P - E)l \qquad (10-45)$$

$$\hat{L} = L + V \qquad (10-46)$$

根据协因数传播律，得

$$Q_{\hat{X}\hat{X}} = N_{bb}^{-1}B^{\mathrm{T}}PQPBN_{bb}^{-1} = N_{bb}^{-1}$$

$$Q_{\hat{X}L} = N_{bb}^{-1}B^{\mathrm{T}}PQ = N_{bb}^{-1}B^{\mathrm{T}}$$

$$Q_{VV} = (BN_{bb}^{-1}B^{\mathrm{T}}P - E)Q_{LL}(BN_{bb}^{-1}B^{\mathrm{T}}P - E)^{\mathrm{T}}$$

$$= (BN_{bb}^{-1}B^{\mathrm{T}} - P^{-1})(PBN_{bb}^{-1}B^{\mathrm{T}} - E)$$

$$= BN_{bb}^{-1}B^{\mathrm{T}} \cdot PBN_{bb}^{-1}B^{\mathrm{T}} - BN_{bb}^{-1}B^{\mathrm{T}} -$$

$$P^{-1} \cdot PBN_{bb}^{-1}B^{\mathrm{T}} + P^{-1}$$

$$= Q - BN_{bb}^{-1}B^{\mathrm{T}}$$

$$Q_{VL} = BQ_{\hat{X}L} - Q = BN_{bb}^{-1}B^{\mathrm{T}} - Q$$

$$Q_{V\hat{X}} = BQ_{\hat{X}\hat{X}} - Q_{L\hat{X}} = BN_{bb}^{-1} - BN_{bb}^{-1} = 0$$

$$Q_{\hat{L}L} = Q + Q_{VL} = BN_{bb}^{-1}B^{\mathrm{T}}$$

$$Q_{\hat{L}\hat{X}} = Q(N_{bb}^{-1}B^{\mathrm{T}}P)^{\mathrm{T}} + Q_{V\hat{X}} = QPBN_{bb}^{-1} + 0 = BN_{bb}^{-1}$$

$$Q_{\hat{L}V} = Q_{LV} + Q_{VV} = 0$$

$$Q_{\hat{L}\hat{L}} = Q + Q_{LV} + Q_{VL} + Q_{VV} = BN_{bb}^{-1}B^{\mathrm{T}}$$

以上结果可表达为表 10 - 2，以便使用。

表 10 - 2　间接平差协因数表

	L	$\hat{X}$	V	$\hat{L}$
L	Q	BN_{bb}^{-1}	$BN_{bb}^{-1}B^{\mathrm{T}} - Q$	$BN_{bb}^{-1}B^{\mathrm{T}}$
$\hat{X}$	$N_{bb}^{-1}B^{\mathrm{T}}$	N_{bb}^{-1}	0	BN_{bb}^{-1}

续表10−2

	L	$\hat{X}$	V	$\hat{L}$
V	$BN_{bb}^{-1}B^{\mathrm{T}} - Q$	$\mathbf{0}$	$Q - BN_{bb}^{-1}B^{\mathrm{T}}$	$\mathbf{0}$
$\hat{L}$	$BN_{bb}^{-1}B^{\mathrm{T}}$	BN_{bb}^{-1}	$\mathbf{0}$	$BN_{bb}^{-1}B^{\mathrm{T}}$

（3）平差值函数的中误差。

若间接平差问题中有 t 个参数,则设参数函数为

$$\hat{\boldsymbol{\varphi}} = \boldsymbol{\Phi}(\hat{X}_1, \hat{X}_2, \cdots, \hat{X}_t) \qquad (10-47)$$

为计算参数函数的中误差,对上式进行全微分,得到权函数式为

$$\mathrm{d}\hat{\boldsymbol{\varphi}} = \boldsymbol{f}_1\hat{\boldsymbol{x}}_1 + \boldsymbol{f}_2\hat{\boldsymbol{x}}_2 + \cdots + \boldsymbol{f}_t\hat{\boldsymbol{x}}_t \qquad (10-48)$$

式中

$$\boldsymbol{f}_j = \left(\frac{\partial \boldsymbol{\Phi}}{\partial \hat{X}_j}\right)_0$$

令 $\boldsymbol{F}^{\mathrm{T}} = \begin{bmatrix} \boldsymbol{f}_1 & \boldsymbol{f}_2 & \cdots & \boldsymbol{f}_t \end{bmatrix}$,则式（10−47）为

$$\mathrm{d}\hat{\boldsymbol{\varphi}} = \boldsymbol{F}^{\mathrm{T}}\hat{\boldsymbol{x}} \qquad (10-49)$$

通过查表 10−2 可得

$$\boldsymbol{Q}_{\hat{\varphi}\hat{\varphi}} = \boldsymbol{F}^{\mathrm{T}}\boldsymbol{Q}_{\hat{X}\hat{X}}\boldsymbol{F} = \boldsymbol{F}^{\mathrm{T}}\boldsymbol{N}_{bb}^{-1}\boldsymbol{F} \qquad (10-50)$$

平差值函数的中误差为

$$\hat{\boldsymbol{\sigma}}_{\hat{\varphi}} = \hat{\boldsymbol{\sigma}}_0\sqrt{\boldsymbol{Q}_{\hat{\varphi}\hat{\varphi}}} \qquad (10-51)$$

（4）参数的中误差。

如果要求参数 $\boldsymbol{X}$ 的中误差,其协因数阵为

$$\boldsymbol{Q}_{\hat{X}\hat{X}} = \begin{bmatrix} \boldsymbol{Q}_{\hat{X}_1\hat{X}_1} & \boldsymbol{Q}_{\hat{X}_1\hat{X}_2} & \cdots & \boldsymbol{Q}_{\hat{X}_1\hat{X}_t} \\ \boldsymbol{Q}_{\hat{X}_2\hat{X}_1} & \boldsymbol{Q}_{\hat{X}_2\hat{X}_2} & \cdots & \boldsymbol{Q}_{\hat{X}_2\hat{X}_t} \\ \vdots & \vdots & & \vdots \\ \boldsymbol{Q}_{\hat{X}_t\hat{X}_1} & \boldsymbol{Q}_{\hat{X}_t\hat{X}_2} & \cdots & \boldsymbol{Q}_{\hat{X}_t\hat{X}_t} \end{bmatrix}$$

则对角线元素就是各参数的协因数,故参数 $\hat{X}_j$ 的中误差为

$$\boldsymbol{\sigma}_{\hat{X}_j} = \boldsymbol{\sigma}_0\sqrt{\boldsymbol{Q}_{\hat{X}_j\hat{X}_j}} \qquad (10-52)$$

10.1.3　相关函数

（1）MMULT 函数。

使用格式:MMULT(array1 , array2)。

函数功能:返回两个数组的矩阵乘数。结果矩阵的行数与 array1 的行数相同,矩阵的列数与 array2 的列数相同。

参数说明:array1、array2 必需。要进行矩阵乘法运算的两个数组。

特别提醒:array1 中的列数必须与 array2 中的行数相同,并且两个数组必须仅包含数字。array1 和 array2 可以给定为单元格区域、数组常量或引用。若单元格为空或包含文字,array1 中的列数不同于 array2 中的行数,MMULT 将返回 #VALUE 值。

应用举例:已知条件平差中系数阵 A 和协因数阵 Q,要计算法方程系数阵两个矩阵的乘积,需选中单元格区域 B12:H15,在其中输入公式" = MMULT(B1:H4,B5:H11)",按 Ctrl + Shift + Enter 确认,即可显示计算结果。

	A	B	C	D	E	F	G	H
1		1	-1	0	0	1	0	0
2	系数阵*A*	0	0	1	-1	1	0	0
3		0	0	1	0	0	1	1
4		0	1	0	-1	0	0	0
5		1.1	0	0	0	0	0	0
6		0	1.7	0	0	0	0	0
7	协因数阵*Q*	0	0	2.3	0	0	0	0
8		0	0	0	2.7	0	0	0
9		0	0	0	0	2.4	0	0
10		0	0	0	0	0	1.4	0
11		0	0	0	0	0	0	2.6
12		1.1	-1.7	0	0	2.4	0	0
13	*AQ*	0	0	2.3	-2.7	2.4	0	0
14		0	0	2.3	0	0	1.4	2.6
15		0	1.7	0	-2.7	0	0	0

图 10 – 1   MMULT 函数举例

(2)TRANSPOSE 函数。

使用格式:TRANSPOSE(array)。

函数功能:可返回转置单元格区域,即将行单元格区域转置成列单元格区域,反之亦然。

参数说明:array 必需。需要进行转置的数组或工作表上的单元格区域。数组的转置就是将数组的第一行作为新数组的第一列,数组的第二行作为新数组的第二列,以此类推。

特别提醒:TRANSPOSE 函数必须在与源单元格区域(区域为工作表上的两个或多个单元格,区域中的单元格可以相邻或不相邻。)具有相同行数和列数的单元格区域中作为数组公式(数组公式对一组或多组值执行多重计算,并返回一个或多个结果,数组公式括于大括号({ })中,按 Ctrl + Shift + Enter 可以输入数组公式）分别输入。

应用举例：仍使用上面的例子，根据条件平差中系数阵 A、协因数阵 Q 和已计算出 AQ，要计算法方程系数阵 N_{aa}，需选中单元格区域 D16∶G19，在其中输入公式"= MMULT(B12∶H15,TRANSPOSE(B1∶H4))"，按 Ctrl + Shift + Enter 确认，即可显示计算结果。

D16			fx	{=MMULT(B12:H15,TRANSPOSE(B1:H4))}				
	A	B	C	D	E	F	G	H
1	系数阵 A	1	-1	0	0	1	0	0
2		0	0	1	-1	1	0	0
3		0	0	1	0	0	1	1
4		0	1	0	-1	0	0	0
5	协因数阵 Q	1.1	0	0	0	0	0	0
6		0	1.7	0	0	0	0	0
7		0	0	2.3	0	0	0	0
8		0	0	0	2.7	0	0	0
9		0	0	0	0	2.4	0	0
10		0	0	0	0	0	1.4	0
11		0	0	0	0	0	0	2.6
12	AQ	1.1	-1.7	0	0	2.4	0	0
13		0	0	2.3	-2.7	2.4	0	0
14		0	0	2.3	0	0	1.4	2.6
15		0	1.7	0	-2.7	0	0	0
16	法方程系数阵 $N_{aa}=AQA^{\mathrm{T}}$			5.2	2.4	0	-1.7	
17				2.4	7.4	2.3	2.7	
18				0	2.3	6.3	0	
19				-1.7	2.7	0	4.4	

图 10 – 2　TRANSPOSE 函数举例

（3）MINVERSE 函数。

使用格式：MINVERSE(array)。

函数功能：返回数组中存储的矩阵的逆矩阵。

参数说明：array 必需参数。要求其是行数和列数相等的数值数组。

特别提醒：array 可以是单元格区域，也可以是数组常量或单元格区域和数组常量的名称。如果数组中的单元格为空或包含文本，则 MINVERSE 返回 #VALUE! 错误。与求行列式的值一样，求解矩阵的逆常用于求解多元联立方程组。矩阵和它的逆矩阵相乘为单位矩阵：对角线的值为 1，其他值为 0。

应用举例：仍使用上面的例子，根据闭合差 W 和已计算出的法方程系数阵 N_{aa}，现要计算联系数向量 K，需选中单元格区域 J14∶J17，在其中输入公式"= – MMULT(MINVERSE(D14∶G17),J2∶J5)"，按 Ctrl + Shift + Enter 确认，即可显示计算结果。

	A	B	C	D	E	F	G	H	I	J
1		起算数据								
2	系数阵A	1	-1	0	0	1	0	0	闭合差W	7
3		0	0	1	-1	1	0	0		8
4		0	0	1	0	0	1	1		6
5		0	1	0	-1	0	0	0		-3
6	协因数阵Q	1.1	0	0	0	0	0	0	权函数系数阵f	0
7		0	1.7	0	0	0	0	0		0
8		0	0	2.3	0	0	0	0		0
9		0	0	0	2.7	0	0	0		0
10		0	0	0	0	2.4	0	0		1
11		0	0	0	0	0	1.4	0		0
12		0	0	0	0	0	0	2.6		0
13		平差计算及精度评定								
14	法方程系数阵$N_{aa}=AQA^T$		5.2	2.4	0	-1.7			联系数向量 $K=-N_{aa}^{-1}W$	-0.2206
15			2.4	7.4	2.3	2.7				-1.4053
16			0	2.3	6.3	0				-0.4393
17			-1.7	2.7	0	4.4				1.4589

图 10 – 3　MINVERSE 函数举例

10.2　Excel 在条件平差计算中的应用

如图 10 – 4 所示，A、B 为已知点，P_1、P_2、P_3 为待定点，已知数据、观测高差和相应的水准路线长度见表 10 – 3。试按条件平差法，求：

（1）各待定点 P_1、P_2 和 P_3 的平差高程；

（2）P_1 至 P_2 点间高差平差的中误差。

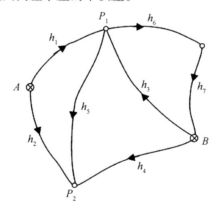

图 10 – 4　水准路线示意图

表 10 - 3　观测值与起始数据

路线号	观测高差 h_i/m	水准路线长度 L_i/km	已知高程 H/m
1	1.359	1.1	
2	2.009	1.7	
3	0.363	2.3	$H_A = 5.016$
4	1.012	2.7	$H_B = 6.016$
5	0.657	2.4	
6	0.238	1.4	
7	- 0.595	2.6	

Excel 在条件平差计算中的具体应用如下。

1. 起算数据数据输入

根据条件平差的特点,设计图 10 - 5 所示的表格,将已知数据数据输入表中相应位置,如图中阴影部分所示。

					起算数据							
系数阵A	1	-1	0	0	0	0	0	闭合差w	7	H_A	5.016	
	0	0	1	-1	0	0	0		8	H_B	6.016	
	0	0	0	0	1	1	1		6			
	0	1	0	-1	0	0	0		-3			
协因数阵Q	1.1	0	0	0	0	0	0	权函数系数阵f		观测高差h_i	1.359	
	0	1.7	0	0	0	0	0		0		2.009	
	0	0	2.3	0	0	0	0		1		0.363	
	0	0	0	2.7	0	0	0		1		1.012	
	0	0	0	0	2.4	0	0		0		0.657	
	0	0	0	0	0	1.4	0		0		0.238	
	0	0	0	0	0	0	2.6		0		-0.595	
				平差计算及精度评定								
平差计算	法方程系数阵$N_{aa}=AQA^T$	5.2	2.4	0	-1.7		连系数向量 $K=-N_{aa}^{-1}w$	-0.2206				
		2.4	7.4	2.3	2.7			-1.4053				
		0	2.3	6.3	0			-0.4393				
		-1.7	2.7	0	4.4			1.4589				
	改正数 $V=QA^T K$	-0.2	平差值 $\hat{h}_i=h_i+V$	1.3588								
		2.9		2.0119	检核		特定点的平差高程					
		-4.2		0.3588	$h_1+h_5-h_2$	0.0000						
		-0.1		1.0119	$h_3+h_5-h_4$	0.0000	HP$_1$	6.3748				
		-3.9		0.6531	$h_6+h_7+h_3$	0.0000	HP$_2$	7.0279				
		-0.6		0.2374	h_2-h_4	1.0000	HP$_3$	6.6121				
		-1.1		-0.5961								
精度评定	平差值函数 $\hat{\varphi}=\hat{L}_5$	f^TQf	2.4	AQf	2.4							
					2.4							
					0							
					0							
	平差值函数的协因数	$Q_{\hat{\varphi}\hat{\varphi}}=f^TQf-(AQf)^TN_{aa}^{-1}AQf$		0.98								
	单位权中误差	$\hat{\sigma}_0=\sqrt{\dfrac{VPV}{r}}$		2.2								
	P_1P_2高差平差的中误差	$\hat{\sigma}_{\hat{\varphi}}=\hat{\sigma}_0\sqrt{Q_{\hat{\varphi}\hat{\varphi}}}$		2.2								

图 10 - 5　条件平差及精度评定计算界面

（1）系数阵 A 及闭合差 w。

根据上述问题可知,观测值为 7 个,必要观测数为 3,多余观测数为 4,可列如下 4 个条件方程,即

$$\begin{cases} \hat{h}_1 - \hat{h}_2 + \hat{h}_5 = 0 \\ \hat{h}_3 - \hat{h}_4 + \hat{h}_5 = 0 \\ \hat{h}_3 + \hat{h}_6 + \hat{h}_7 = 0 \\ \hat{h}_2 - \hat{h}_4 - (H_B - H_A) = 0 \end{cases}$$

整理得

$$\begin{cases} v_1 - v_2 + v_5 + 7 = 0 \\ v_3 - v_4 + v_5 + 8 = 0 \\ v_3 + v_6 + v_7 + 6 = 0 \\ v_2 - v_4 - 3 = 0 \end{cases}$$

式中,闭合差以 mm 为单位。将条件方程的系数录入图 10 – 5 中相应的区域,如单元格区域 B2:H5 所示,作为系数阵 A;将其常数项即闭合差 w 录入 J2:J5 单元格区域。

(2)权函数矩阵。

C、D 之间的高差为 $\hat{L}_5$,因此平差值函数式为

$$\hat{\varphi} = \hat{L}_5$$

可得 $f_1 = f_2 = f_3 = f_4 = f_6 = f_7 = 0$,$f_5 = 1$。并将其填入图 10 – 5 中 J6:J12 单元格区域,组成权函数矩阵。

(3)协因数阵 $\boldsymbol{Q}_i$ 的确定。

以 1 km 观测高差为单位权观测,即 $C = 1$,则各测段的权值为 $\boldsymbol{p}_i = 1/S_i$,$\boldsymbol{Q}_i = S_i$。由于各测段的高差相互独立,因此协因数阵 $\boldsymbol{Q}_i$ 为对角矩阵。根据表 10 – 3 中的各测段水准路线长度 L_i,可得协因数阵 $\boldsymbol{Q}_i$,如图 10 – 2 中 B6:H12 单元格区域所示。

2. 平差计算

(1)法方程系数阵 $\boldsymbol{N}_{aa}$ 的计算。

根据法方程系数阵 $\boldsymbol{N}_{aa} = \boldsymbol{AQA}^{\mathrm{T}}$,按照表 10 – 4 在单元格区域 D14:G17 输入相应公式,然后按 Ctrl + Shift + Enter 键,即可显示结果。

表 10 – 4　条件平差计算的公式说明

元素	单元格	公式	元素	单元格	公式
N_{aa}	D14:G17	= MMULT（MMULT（B2:H5,B6:H12），TRANSPOSE（B2:H5））	$h_6 + h_7 + h_3$	H22	= F23 + F24 + F20

续表10 - 4

元素	单元格	公式	元素	单元格	公式
K	J14:J17	$= -$ MMULT（MINVERSE（D14:G17），J2:J5）	$h_2 - h_4$	H23	$=$ F19 − F21
V	D18:D24	$=$ MMULT（MMULT（B6:H12，TRANSPOSE（B2:H5）），J14:J17）	HP_1	J20	$=$ L2 + F18
$\widehat{h_i}$	F18:F24	$=$ L6:L12 + D18:D24/1000	HP_2	J21	$=$ L2 + F19
$h_1 + h_5 - h_2$	H20	$=$ F18 + F22 − F19	HP_3	J22	$=$ L3 − F24
$h_3 + h_5 - h_4$	H21	$=$ F20 + F22 − F21			

（2）连系数向量 K 的计算。

根据式（10 - 15），按照表10 - 4在单元格区域J14:J17输入相应公式,然后按 Ctrl + Shift + Enter 键,即可显示结果。

（3）改正数 V 的计算。

根据式（10 - 10），按照表10 - 4在单元格区域D18:D24输入相应公式,然后按 Ctrl + Shift + Enter 键,即可显示计算结果。

（4）观测值平差值的计算及检核。

根据平差值计算公式 $\hat{h}_i = h_i + V$，按照表10 - 4在单元格区域F18:F24输入相应公式,然后按 Ctrl + Shift + Enter 键,即可显示计算结果。

将计算出的平差值代入条件方程进行检核,如图10 - 5中单元格区域H20:H23 所示,均满足方程要求,则说明计算无误。

（5）待定点平差高程的计算。

根据已知点的高程和计算出的的平差值,根据表10 - 4的公式在J20:J22单元格区域计算出 HP_1、HP_2、HP_3。

3. 精度评定

（1）平差值函数协因数的计算。

根据式（10 - 38）和权函数系数阵 f 可求得平差值函数协因数 $Q_{\hat{\varphi}\hat{\varphi}}$。为方便计算,首先计算出 $f^{T}Qf$ 和 AQf,可在单元格 E27 和单元格区域 H25:H28 中按表 10 - 5 中的相应公式,然后按 Ctrl + Shift + Enter 键分别求出。

在此基础上,在单元格 H29 中按表 10 - 5 中的相应公式,然后按 Ctrl + Shift +Enter 键求出 $Q_{\hat{\varphi}\hat{\varphi}}$。

（2）单位权中误差 σ_0 的计算。

根据式（10 - 40），按照表 10 - 5 在单元格区域 F30 输入相应公式，然后按 Ctrl + Shift + Enter 键，即可显示结果。

（3）P_1P_2 高差平差的中误差的计算。

根据式（10 - 39），按照表 10 - 5 在单元格 F33 中输入相应公式，然后按 Ctrl +Shift + Enter 键，即可显示结果。

表 10 - 5　精度评定的公式说明

元素	单元格	公式
$f^{\mathrm{T}}Qf$	E27	= MMULT(MMULT(TRANSPOSE(J6 : J12) , B6 : H12) , J6 : J12)
AQf	H25 : H28	= MMULT(MMULT(B2 : H5 , B6 : H12) , J6 : J12)
$Q_{\hat{\varphi}\hat{\varphi}}$	H29	= E27 − MMULT(MMULT(TRANSPOSE(H25 : H28) , MINVERSE(D14 : G17)) , H25 : H28)
σ_0	F30	= SQRT(MMULT(MMULT(TRANSPOSE(D18 : D24) , MINVERSE(B6 : H12)) , D18 : D24)/4)
$\hat{\sigma}_{\hat{\varphi}}$	F33	= F30 * SQRT(H29)

10.3　Excel 在间接平差计算中的应用

仍然以上一节条件平差的问题为例，对此问题采用间接平差的方法进行求算。

Excel 在间接平差计算中的具体应用如下。

1. 起算数据数据输入

根据条件平差的特点，设计图 10 - 6 所示的表格，将已知数据数据输入表中相应位置，如图中阴影部分所示。

（1）系数阵 A 及闭合差 l。

根据上述问题可知，观测值为 7 个，必要观测数为 3，选取 P_1、P_2、P_3 定三点高程 $\hat{X}_1$、$\hat{X}_2$、$\hat{X}_3$ 为参数，其近似值分别取为

$$X_1^0 = H_A + h_1$$
$$X_1^0 = H_A + h_2$$

	A	B	C	D	E	F	G	H	I	J
1						起算数据				
2			1	0	0		0	权函数系	-1		1.1
3			0	1	0		0	数阵F =	1		1.7
4			1	0	0		4		0	水准路线	2.3
5		系数阵B	0	1	0	l	3			长度L_i	2.7
6			-1	1	0		7				2.4
7			-1	0	1		2	$H_A=$	5.016		1.4
8			0	0	-1		0	$H_B=$	6.016		2.6
9			0.91	0.00	0.00	0.00	0.00	0.00	0.00		1.359
10			0.00	0.59	0.00	0.00	0.00	0.00	0.00		2.009
11			0.00	0.00	0.43	0.00	0.00	0.00	0.00		0.363
12		权阵P	0.00	0.00	0.00	0.37	0.00	0.00	0.00	观测高差h_i	1.012
13			0.00	0.00	0.00	0.00	0.42	0.00	0.00		0.657
14			0.00	0.00	0.00	0.00	0.00	0.71	0.00		0.238
15			0.00	0.00	0.00	0.00	0.00	0.00	0.38		-0.595
16					平差计算及精度评定						
17			法方程系	2.47	-0.42	-0.71429		$W=B^T Pl$	-2.6061	$\hat{x}_i=N_{bb}^{-1}W$	-0.2
18			数阵$N_{bb}=B^T PB$	-0.42	1.38	0			4.0278		2.9
19				-0.71	0.00	1.098901			1.4286		1.1
20				-0.24		1.359		检核		待定点的平差高程	
21				2.86		2.012					
22		平差计算	$V=B\hat{x}-l$	-4.24	平差值	0.359	$h_1+h_5-h_2$	0.0000	$HP_1=$	6.3748
23				-0.14	$\hat{h}_i=h_i+V$	1.012	$h_3+h_5-h_4$	0.0000	$HP_2=$	7.0279
24				-3.90		0.653	$h_6+h_7-h_3$	0.0000	$HP_3=$	6.6121
25				-0.62		0.237	h_2-h_4	1.0000		
26				-1.14		-0.596				
27			平差值函数的协因数	$Q_{\hat{\varphi}\hat{\varphi}}=F^T N_{bb}^{-1}F$		0.98				
29		精度评定	单位权中误差	$\hat{\sigma}_0=\sqrt{\dfrac{V^T PV}{r}}$		2.2				
31			P_1至P_2点间高差平差的中误差	$\hat{\sigma}_{\hat{\varphi}}=\hat{\sigma}_0\sqrt{Q_{\hat{\varphi}\hat{\varphi}}}$		2.2				

图 10 – 6　间接平差及精度评定计算界面

$$X_1^0 = H_B - h_7$$

可列如下 7 个条件方程,即

$$\begin{cases} \hat{h}_1 = \hat{X}_1 - H_A \\ \hat{h}_2 = \hat{X}_2 - H_A \\ \hat{h}_3 = \hat{X}_1 - H_B \\ \hat{h}_4 = \hat{X}_2 - H_B \\ \hat{h}_5 = \hat{X}_2 - \hat{X}_1 \\ \hat{h}_6 = \hat{X}_3 - \hat{X}_1 \\ \hat{h}_7 = H_B - \hat{X}_3 \end{cases}$$

整理得

$$\begin{cases} v_1 = \hat{x}_1 + 0 \\ v_2 = \hat{x}_2 + 0 \\ v_3 = \hat{x}_1 - 4 \\ v_4 = \hat{x}_2 - 3 \\ v_5 = -\hat{x}_1 + \hat{x}_2 - 7 \\ v_6 = -\hat{x}_1 + \hat{x}_3 - 2 \\ v_7 = -\hat{x}_3 + 0 \end{cases}$$

式中,闭合差以 mm 为单位。将条件方程的系数录入图 10 – 6 中相应的区域,如单元格区域 B2∶D8 所示,作为系数阵 $\boldsymbol{A}$;将其常数项即闭合差 l 录入 F2∶F8 单元格区域。

（2）权函数矩阵。

C、D 之间的高差为 $\hat{L}_5$,因此平差值函数式为

$$\hat{\varphi} = \hat{x}_2 - \hat{x}_1$$

可得 $f_1 = -1$,$f_2 = 1$、$f_3 = 0$,并将其填入图 10 – 5 中 H2∶H4 单元格区域,组成权函数矩阵。

（3）协因数阵 $\boldsymbol{Q}_i$ 的确定。

以 1 km 观测高差为单位权观测,即 $C = 1$,则各测段的权值为 $\boldsymbol{P}_i = 1 / \boldsymbol{S}_i$。由于各测段的高差相互独立,因此协因数阵 $\boldsymbol{P}_i$ 为对角矩阵。根据表 10 – 3 中的各测段水准路线长度 L_i,可得协因数阵 $\boldsymbol{P}_i$,如图 10 – 3 中 B9∶H15 单元格区域所示。

2. 平差计算

（1）法方程系数阵 $\boldsymbol{N}_{bb}$ 的计算。

根据法方程系数阵 $\boldsymbol{N}_{bb} = \boldsymbol{B}^{\mathrm{T}} \boldsymbol{P} \boldsymbol{B}$,按照表 10 – 6 在单元格区域 D17∶F19 输入相应公式,然后按 Ctrl + Shift + Enter 键,即可显示结果。

（2）$\boldsymbol{W}$ 的计算。

根据 $\boldsymbol{W} = \boldsymbol{B}^{\mathrm{T}} \boldsymbol{P} l$,按照表 10 – 6 在单元格区域 H17∶H19 输入相应公式,然后按 Ctrl + Shift + Enter 键,即可显示结果。

（3）$\hat{\boldsymbol{x}}_i$ 的计算

根据式（10 – 25）,按照表 10 – 6 在单元格区域 J17∶J19 输入相应公式,然后按 Ctrl + Shift + Enter 键,即可显示结果。

（4）$\boldsymbol{V}$ 的计算。

根据式（10 – 21）,按照表 10 – 6 在单元格区域 D20∶D26 输入相应公式,然后按 Ctrl + Shift + Enter 键,即可显示结果。

（5）观测值平差值的计算及检核。

根据平差值计算公式 $\hat{h}_i = h_i + V$，按照表 10 - 6 在单元格区域 F20：F26 输入相应公式，然后按 Ctrl + Shift + Enter 键，即可显示结果。

将计算出的平差值代入条件方程进行检核，如图 10 - 6 中单元格区域 H22：H25 所示，均满足方程，说明计算无误。

（6）待定点平差高程的计算。

根据已知点的高程和计算出的的平差值，根据表 10 - 6 的公式在 J22：J24 单元格区域计算出 HP_1、HP_2、HP_3。

表 10 - 6　条件平差计算的公式说明

元素	单元格	公式	元素	单元格	公式
N_{bb}	D17：F19	= MMULT（MMULT（TRANSPOSE（B2：D8），B9：H15），B2：D8）	$h_3 + h_5 - h_4$	H23	= F22 + F24 - F23
W	H17：H19	= MMULT（MMULT（TRANSPOSE（B2：D8），B9：H15），F2：F8）	$h_6 + h_7 + h_3$	H24	= F25 + F26 + F22
$\hat{x}_i$	J17：J19	= MMULT（MINVERSE（D17：F19），H17：H19）	$h_2 - h_4$	H25	= F21 - F23
V	D20：D26	= MMULT（B2：D8，J17：J19）- F2：F8	HP_1	J22	= H7 + F20
$\hat{h}_i$	F20：F26	= J9：J15 + D20：D26/1000	HP_2	J23	= H7 + F21
$h_1 + h_5 - h_2$	H22	= F20 - F21 + F24	HP_3	J24	= H8 - F26

3. 精度评定

（1）平差值函数协因数的计算。

在单元格 H27 中按表 10 - 7 中的相应公式，然后按 Ctrl + Shift + Enter 键求出 $Q_{\hat{\varphi}\hat{\varphi}}$。

表 10 - 7　精度评定的公式说明

元素	单元格	公式
$Q_{\hat{\varphi}\hat{\varphi}}$	H27	= MMULT（MMULT（TRANSPOSE（H2：H4），MINVERSE（D17：F19）），H2：H4）

续表10－7

元素	单元格	公式
σ_0	F28	= SQRT(MMULT(MMULT(TRANSPOSE(D20:D26),B9:H15), D20:D26)/4)
$\hat{\sigma}_\varphi$	F31	= F29 * SQRT(F27)

（2）单位权中误差σ_0的计算。

根据式（10－40），按照表10－5在单元格区域F28输入相应公式，然后按Ctrl + Shift + Enter键，即可显示结果。

（3）P_1P_2高差平差的中误差的计算。

根据式（10－50），按照表10－5在单元格F31中输入相应公式，然后按Ctrl +Shift + Enter键，即可显示结果。

10.4　练　习　题

1. 图10－7所示为一水准网，A、B、C为已知高程点，P_1、P_2为待定点，各观测高差及路线长度见表10－8，试根据所学内容自行设计表格，调用函数并编辑公式，按照条件平差法求：

（1）各待定点的高程平差值；

（2）P_1与P_2点间高差平差的中误差。

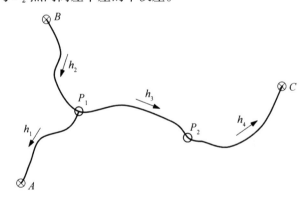

图 10 － 7　水准网示意图

表 10 – 8　观测值及已知点高程

路线号	观测高差 h_i/m	水准路线长度 L_i/km	已知高程 H/m
1	– 1.044	1	$H_A = 32.000$
2	1.311	1	$H_B = 31.735$
3	0.541	1	$H_C = 31.256$
4	– 1.243	1	

2. 图 10 – 8 所示的水准网中,已知 A、B 两水准点的高程分别为 5.000 m 和 6.008 m,P_1、P_2、P_3 为待定点,高差观测值及各测段水准路线的长度见表 10 – 9,试根据所学内容自行设计表格,调用函数并编辑公式,按照间接平差法求:

(1) 各待定点的高程平差值;

(2) P_1、P_2、P_3 高程平差值的中误差;

(3) P_2 与 P_3 点间高差平差值的中误差。

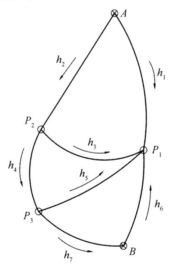

图 10 – 8　水准网示意图

表 10 – 9　观测值及已知点高程

路线号	观测高差 h_i/m	水准路线长度 L_i/km	已知高程 H/m
1	1.010	1	
2	1.003	1	$H_A = 5.000$
3	0.005	1	$H_B = 6.008$
4	0.501	1	

续表10 - 9

路线号	观测高差 h_i/m	水准路线长度 L_i/km	已知高程 H/m
5	- 0. 500	1	
6	0. 004	1	
7	- 0. 502	1	

3. 图10 - 9所示的某平坦地区水准网中,已知点 A 高程为20.000 m,各独立观测值及其距离见表10 - 10,试根据所学内容自行设计表格,调用函数并编辑公式,按照条件平差法求:

(1) 各点高程的平差值、单位权中误差;

(2) $A \sim C$ 点间高差平差值的中误差。

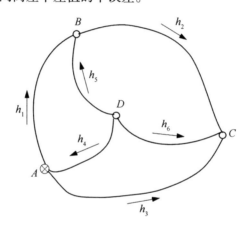

图 10 - 9 水准网示意图

表10 - 10 观测值及已知点高程

路线号	观测高差 h_i/m	水准路线长度 L_i/km	已知高程 H/m
1	0. 023	1. 0	
2	1. 114	1. 0	
3	1. 142	1. 0	
4	0. 078	0. 4	$H_A = 20.000$
5	0. 099	0. 4	
6	1. 216	0. 1	

4. 图10 - 10所示的某水准网中,已知点 A、B、C 三点的高程分别为10.000 m、10.500 m、12.000 m,各独立观测值及其距离见表10 - 11,试根据所学内容自行设计表格,调用函数并编辑公式:

（1）按条件平差法求各高差的平差值；

（2）按间接平差法求各高差的平差值。

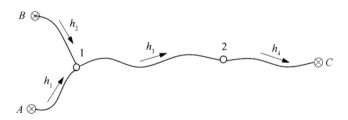

图 10 - 10　水准网示意图

表 10 - 11　观测值及已知点高程

路线号	观测高差 h_i/m	水准路线长度 L_i/km	已知高程 H/m
1	3.500	1.0	
2	3.000	1.0	$H_A = 10.000$
3	2.352	2.0	$H_B = 10.500$
4	2.851	1.0	$H_C = 12.000$

参考文献

[1] 赵骥,高峰,刘志友. Excel 2016 应用大全[M]. 北京:清华大学出版社,2016.

[2] ExcelHome. Excel 2010 应用大全[M]. 北京:人民邮电出版社,2011.

[3] 徐宁生,韦余靖. Excel 2019 应用大全[M]. 北京:清华大学出版社,2021.

[4] 中华人民共和国建设部. 工程测量规范[S].北京:中国计划出版社,2008.

[5] 顾孝烈,鲍峰,程效军. 测量学[M]. 上海:同济大学出版社,2011.

[6] 王慧麟,安如,谈俊忠. 测量与地图学[M]. 南京大学出版社,2015.

[7] 王健,田桂娥,吴长悦,等. 道路工程测量[M]. 武汉:武汉大学出版社,2015.

[8] 武汉大学测绘学院测量平差学科组. 误差理论与测量平差基础[M]. 武汉:武汉大学出版社,2009.

[9] 孔祥元,梅是义. 控制测量学:上册[M].2 版. 武汉:武汉大学出版社,2002.

[10] 孙祥元,梅是义. 控制测量学:下册[M].2 版. 武汉:武汉大学出版社,2002.

[11] 杨国清. 控制测量学[M]. 郑州:黄河水利出版社,2005.

[12] 张正禄. 工程测量学[M]. 武汉:武汉大学出版社,2005.

[13] 中华人民共和国住房与城乡建设部.城市测量规范[S]. 北京:中国建筑工业出版社,2011.

[14] 中交第一公路勘察设计研究院.公路勘测规范[S]. 北京:人民交通出版社,2007.

[15] 中华人民共和国住房和城乡建设部. 卫星定位城市测量技术规范[S].北京:中国建筑工业出版社,2010.

[16] 单位中铁二院工程集团有限责任公司. 高速铁路工程测量规范[S]. 中国铁道出版社,2010.

[17] 王芳,王建."Excel 在测绘中的应用"课程优化与教学探讨[J].科教文汇(中旬刊),2020(4):81 – 83.

[18] 王芳. Excel 在控制测量计算中的应用[J].内江师范学院学报,2013,28(8):96 – 100.

［19］王芳,王建. Excel 在测量学教学中的应用:以附合导线平差为例［J］.科
　　　教文汇(下旬刊),2020(05):76 - 78.

［20］陈德绍,罗桂发. Excel 在二等水准测量自动检查计算中的应用［J］.中阿
　　　科技论坛(中英文),2021(12):107 - 111.

［21］安鑫鑫,王宝良,金隆海,等. Excel 在路基土石方断面测量中的应用［J］.
　　　公路,2016,61(6):66 - 69.

［22］干正如. Excel 在路桥工程测量教学改革中的应用［J］.矿山测量,
　　　2015(5):85 - 87,6.

［23］周会利,周兰. Excel 在测量教学实习中的应用:以闭合导线为例［J］.矿
　　　山测量,2015(1):106 - 108.

［24］李飞,纪淑鸳. Excel 在测量平差中的应用:以条件平差为例［J］.水利与
　　　建筑工程学报,2014,12(1):197 - 200.

［25］张述清. Excel 在测量中的应用［J］.测绘通报,2000(4):34 - 37.

［26］邓兮,乔雪,苏军德.测量学［M］.天津:天津大学出版社,2018.

［27］潘正风,程效军,成枢,等.数学测图原理与方法习题和实验［M］.武汉:武
　　　汉大学出版社,2011.